本书由

西安财经大学学术著作出版基金

资　助

农户生活垃圾处理的行为选择与支付意愿研究

Behavior Choice and Willingness to Pay
for Rural Residents' Disposal of
Household Solid Waste

程志华 著

中国经济出版社
CHINA ECONOMIC PUBLISHING HOUSE
·北 京·

图书在版编目（CIP）数据

农户生活垃圾处理的行为选择与支付意愿研究 / 程志华著 .
-- 北京：中国经济出版社，2019.12
ISBN 978-7-5136-1543-3

Ⅰ . ①农… Ⅱ . ①程… Ⅲ . ①农村 – 生活废物 – 垃圾处理 – 行为选择 – 研究 – 中国 ②农村 – 生活废物 – 垃圾处理 – 消费支出 – 研究 – 中国 Ⅳ . ① X799.305

中国版本图书馆 CIP 数据核字（2019）第 233440 号

责任编辑　李煜萍　郭国玺
责任印制　巢新强
封面设计　任燕飞工作室

出版发行　中国经济出版社
印 刷 者　北京力信诚印刷有限公司
经 销 者　各地新华书店
开　　本　710mm × 1000mm　1/16
印　　张　11.5
字　　数　156 千字
版　　次　2019 年 12 月第 1 版
印　　次　2019 年 12 月第 1 次
定　　价　58.00 元
广告经营许可证　京西工商广字第 8179 号

中国经济出版社 **网址** www.economyph.com **社址** 北京市东城区安定门外大街 58 号 **邮编** 100011

序 言

作为一名长期从事环境管理研究的青年学者，我对农村生活垃圾及农户环保行为的关注源于对现实的思考。2012年雾霾污染在全国各地相继爆发以来，各级政府及企业、公众等多个行为主体相继开展了针对空气污染为主的环境保护，具体包括政策出台、财政支持、标准修改及多主体参与等，环境质量得到了明显改善。但不容忽视的是，目前开展环境保护的主战场主要是城市，地域广阔、涉及人口众多的农村环境污染却未引起政府及公众的足够重视。伴随着经济发展水平的提高、城市化进程加快，农村居民生活方式发生转变，农村生活垃圾产生量剧增，生活垃圾污染形势严峻。面对严重的生活垃圾污染，农村缺乏有效的公共产品供给及管理体制，农户未养成良好的垃圾处理习惯，导致生活垃圾遍布田间地头、河道街道、房前屋后，无人管理，严重影响了我国新农村建设的进程。农村生活垃圾污染被称为“第二代”环境污染，其特点主要表现为污染分散、难以治理，与系统性、标准化的环境管理体制具有“不对称性”。农户的生活垃圾的收集行为，作为连接垃圾产生者和管理者的纽带，也是农户能控制的唯一行为。尤其重要的是，垃圾收集行为是其他环境行为的开端和初始形态，对于培育农户环保行为、转变农户生活方式、改善农村人居环境意义重大。

基于以上背景并结合所学专业，我开始系统思考在面临生活垃圾污染时，农户的行为选择究竟是怎样的？直观的感受是没有恰当的生活垃圾处理。这一方面源于漫长农业社会的影响，随处丢弃垃圾已然成为习惯；另一方面也受限于农村公共物品缺乏，即使农户想要集中收集生活垃圾，也无处可投。这样的现实困境无疑是城乡二元环境管理体制下的必然结果。因此，从现实和理论出发，我开始系统研究农户的生活垃圾处理行为、支付意愿，并进一步总结农户环保行为特征。

本书较为系统地对农户参与生活垃圾治理问题，如其基本概念、行为动机、影响因素及行为特征等问题做出了较为清晰的界定和翔实的阐述，是国内环境经济学研究农户参与环保领域并不多见的一份研究成果。舒尔茨在《改造传统农业》一书中，认为农户的经济活动行为特征表现为“贫穷而有效率”，符合“理性人”假设；沿袭这一理论，结合环境公共物品特征和外部性理论，本书认为农户的环保行为具有“有限理性”特征，具体表现为有限环境意识和有限环境行为相结合。农户环境意识有限，无法意识到生活垃圾污染所带来的危害；农户环境行为有限，只愿意付出有限的时间、精力进行环境保护，在环境治理中的积极性、主动性不够；“有限理性”环保特征带来的机会主义动机和“搭便车”行为策略可能会导致集体行动的困境。

本书共8章，包括理论研究和实证研究。首先，本书在文献综述和理论梳理的基础上构建了内外维度模型（第1～3章）；其次，本书结合理论模型进行实证研究，并得出结论（第4～7章）；最后，对结论进行讨论并提出对策建议（第8章）。

目 录

绪　论[①]

第一节　研究背景及研究意义

一、研究背景

21世纪之前，中国环境管理和治理的重点以城市和点源污染为主，农村环境污染并未成为主要的环境问题，未引起学者和管理者的关注。原因在于农村依然延续传统的生活、生产方式，而传统的生活、生产方式能够自我消化农户产生的绝大部分生活垃圾。传统的生活方式中，生活垃圾以无机物为主，农村居民饲养畜禽较多，厨余垃圾多被用于饲养家禽。传统的农业作业方式中，一方面能够将农村居民所产生的大部分无机垃圾作为生物肥料，还田循环利用；另一方面较少使用化肥、农药、杀虫剂等现代化工业方式生产，农业面源污染问题尚未凸显。加之农村生态环境承载力较强，少量有机垃圾堆积、掩埋、焚烧等处理方式所产生的次级影响，依然在生态环境的承载力之内，农村生态环境并未遭到严重污染和破坏。

21世纪之后，农村环境污染呈加重趋势。根据《2014中国环境状况公报》，2014年全国化学需氧量（COD）总排放为2294.6万吨，其中农业源排放量为1102.4万吨，所占比重为48.4%；全国氨氮排放总量为238.5万吨，其中农业源排放量为75.5吨，所占比重为31.7%。[②]农业源污染包括：

---

① 陕西省社科基金项目“基于CVM方法的农户生活垃圾处理行为研究”（编号：2018S43）、陕西省提升公众科学素质研究计划项目“陕西省公众环境科学素质现状调查”的资助成果。

② http：//www.mee.gov.cn/hjzl/zghjzkgb/lnzghjzkgb/.

农村工业污染，农村工业企业产生了大量的废气、烟尘、废水及废弃物，在未经处理的情况下直接排入环境中，造成农村局部环境污染；农村生活垃圾污染，农村生活垃圾产生量不断增加，并且多以随意丢弃的方式进行处理，农村垃圾的堆放及处理已成为农村生态环境的重要问题；生态环境破坏，农村粗放的经营发展方式带来水土流失、土地沙化等一系列问题；农村面源污染，农业现代化以增产增收为核心，化肥农药的过度使用造成农村的面源污染，具体表现为平均化肥施用量超标、农药残留超标等。总体来看，农村生态环境恶化问题正在由潜在的风险演变为现实的危机，影响到农村经济社会的可持续发展，使原本困难重重的“三农”问题变得更加难以解围。

生活垃圾已成为农村环境污染的主要来源。唐丽霞等对全国141个样本村进行调查，53个村（占比49.63%）认为生活垃圾是主要污染源；[①]诸培新、朱洪蕊在江苏省42个行政村的调研中，21个村（占比50%）认为生活垃圾是最主要的污染源。[②]农村生活垃圾排放量不断增加、结构复杂化，加之农村地域广阔，生活垃圾所造成的面源污染分散，难以治理，生活垃圾污染已成为新农村建设中亟须解决的问题。

农村生活垃圾排放量不断增加，循环回收利用率低。有学者研究表明，2010年，全国农村生活垃圾年产生量约3亿吨，并以每年8%～10%的速度在增长；[③]而李玉敏等则估计增长率为16%，远高于马来西亚2%的人均垃圾排放量增长率。[④]城市化进程持续推进，伴随着农村居民生活水平的不断提升，不难预测垃圾产生量将会持续增长；如Hoornweg和Bhanda-Tata预测到2030年，中国居民生活垃圾产生量将相当于美国的2倍，其中

① 唐丽霞，左停．中国农村污染状况调查与分析［J］．中国农村观察，2008，1（1）：37.

② 诸培新，朱洪蕊．基于江苏省村庄调研实证的农村生活垃圾处理服务现状与对策研究［J］．江苏农业科学，2010（6）：499.

③ 王金霞，李玉敏，黄开兴，等．农村生活固体垃圾的处理现状及影响因素［J］．中国人口·资源与环境，2011，21（6）：74.

④ 李玉敏，白军飞，王金霞，等．农村居民生活固体垃圾排放及影响因素［J］．中国人口·资源与环境，2012，22（10）：63.

农村生活垃圾将占有较大比例。[①]生活垃圾排放量不断增加的同时，垃圾回收利用率不断下降，中国农村生活垃圾回收率约为5%，[②]远低于中国城市地区和发达国家生活垃圾的回收率。

生活垃圾中的有机成分比例增加，现有生态环境难以消化。居民生活垃圾包含厨余垃圾、纸张、塑料、纺织品、木制品、金属等多种物质，整体可分为有机物质和无机物质。工业化和城市化的进程，带来农村生活垃圾结构性转变，垃圾的主要成分逐渐从有机物质向无机物质转变，如塑料制品、电子垃圾以及固体包装等物品所占比重不断增加；而随意丢弃的处理方式，带来生活垃圾难以降解，超出了农村生态环境的承载力。同时，生活垃圾中的无机物（如厨余垃圾、人畜粪便）等以前作为饲料、生物肥等形式进入农业生产循环系统，而随着饲养家禽的减少，加上劳动力价格不断上升，越来越多的无机物垃圾被随意丢弃在村头、河边、路边或房前屋后，进一步造成非点源污染。

农户的分散居住方式加剧了农村生活垃圾的难以治理。目前中国农村居民以分散居住为主，村庄从建立伊始缺乏系统规划，村庄环境基础设施缺乏，尤其是针对生活垃圾的收集、运送、处理等基础设施严重缺乏。农村生活垃圾产生量不断增大，生活垃圾收集设施缺乏或不足，农户只能采取随意丢弃、掩埋、焚烧等方式处理，造成环境二次污染。加之我国农村地域广阔，农户生活垃圾随意丢弃，没有固定的收集场所，造成的面源污染分散，难以治理。

农村生活垃圾污染的危害不可忽视。如果生活垃圾没有得到合适的处理，则生活垃圾堆积会产生疾病、二次水污染，并散发有害物质，危害农村居民身体健康。具体到中国而言，有学者估计我国农村每年因随意堆放

① HOORNWEG D, BHADA-TATA P. What a waste: a global review of solid waste management [J]. World Bank Washington D.C., 2012: 1.

② MOH Y C , MANAF L A. Overview of household solid waste recycling policy status and challenges in Malaysia [J]. *Resources, Conservation and Recycling*, 2014 (82): 55.

垃圾而使1.5亿亩耕地遭到污染[①]。生活垃圾造成的污染问题不仅存在于中国，在其他国家也较为常见，如马来西亚，发展中国家特别是农村地区固体垃圾排放量的快速增长，造成农村环境质量快速恶化，已经成为国内外学者的共识[②]。

面对日益严峻的农村生活垃圾污染形势，国务院、生态环境部等部门通过出台一系列法规、增加财政投入等手段进行积极治理。

首先，治理政策不断完善。2005年修订的《固体废物污染环境防治法》首次将农村生活垃圾纳入管理范围；2006年，国务院发布《关于落实科学发展观加强环境保护的决定》，首次将农村环保作为环保工作的重点，并要求重点关注土壤、农业和村镇污水、垃圾污染等问题；2010年中央1号文件强调"搞好垃圾、污水处理，改善农村人居环境"；2012年，生态环境部、财政部颁布《全国农村环境综合治理"十二五"规划》明确了"以奖促治"政策解决农村环境连片整治力度；2015年中央1号文件提出要全面推进农村人居环境整治，并开展农村垃圾专项整治；2016年中央1号文件要求进行农村环境综合整治，完善"以奖促治"政策，扩大连片整治范围，并实施农村生活垃圾治理5年专项行动；2018年，《农村人居环境整治三年行动方案》出台，将农村生活垃圾污染治理作为农村人居环境整治的重点内容。

其次，财政投入不断增加。中央和地方政府不断增加财政投入用于环境整治及基础设施建设，"十二五"以来，中央财政累计投入210亿元，支持各地开展农村环境综合整治。其中，2012年，中央财政投入55亿元用于农村环境综合整治；2013年，中央农村环保投入专项资金60亿元，以江苏和宁夏为试点省区进行农村环境整合整治试点工作；2014年投入63.1亿元用于农村垃圾治理。与此同时，针对农村生活垃圾的基础设施建设不断完

① 李彩宜. 农村环境污染的成因及防治对策［J］. 农业环境与发展，2006，23（4）：54.

② MOH Y C，MANAF L A. Overview of household solid waste recycling policy status and challenges in Malaysia［J］. *Resources*，*Conservation and Recycling*，2014（82）：59.

善，2013年，生活垃圾进行处理的行政村比例达35.9%；2014年，这一比例上升至47.0%。

再次，通过开展项目对农村生活垃圾进行治理。为进行新农村建设，农业部于2005年起，在全国范围内开展乡村清洁工程，以废弃物资源化利用和农业面源污染为防控重点，针对农村环境污染问题较为突出的禽畜粪便、生活污水、生活垃圾、农业秸秆等污染源进行治理。其中，生活垃圾治理以垃圾分类、无害化处理为目标，争取到2015年，生活垃圾处理利用率达到90%以上。党的十八大提出“五位一体”，将生态文明融入经济、政治、文化、社会建设中；在建设“美丽中国”背景下，2014年底农业农村部开展“美丽乡村”建设，要求完善农村公共基础设施，并提出农村生活垃圾处理利用率达95%以上；并于同年开展了“美丽乡村”试点，试点乡村在清洁工程等项目上将获得政策倾斜，加大资金投入。

最后，地方政府通过创新管理模式治理农村生活垃圾污染。如上海市将城市垃圾管理模式向农村延伸，将农村生活垃圾收集纳入社会化管理，通过在村垃圾堆放点收集垃圾、私人公司运送垃圾、最终集中处置的模式，要求农村生活垃圾做到日产日清，并通过不断健全生活垃圾管理体制，力图实现生活垃圾100%有效收集和无害化处理。①四川省2011年开始在农村进行垃圾分类试点，具体做法是，在村里修建“垃圾分类房”，将垃圾分为“有害垃圾”“厨余垃圾”“可回收物”“不可回收物”，并针对每个分类做了详细注明；除引导村民主动做好垃圾分类外，后端还有专门的环卫人员对垃圾进行二次分类，严格把关。②地方政府针对生活垃圾管理模式的创新为解决农村生活垃圾问题提供了借鉴。

除了政府投入，农户参与也是改善农村生态环境的主要力量。农户是环境质量恶化的直接承受者，也是农村环境保护的主体。③农户行为与环境

① http：//money.163.com/15/0521/14/AQ58909T00253B0H.html.

② http：//cd.scol.com.cn/qxxw/content/2015-07/15/content_51745789.htm?node=113687.

③ 邢美华，张俊飚，黄光体．未参与循环农业农户的环保认知及其影响因素分析——基于晋、鄂两省的调查［J］. 中国农村经济，2009（4）：72.

质量息息相关，这种亲密的关系表现为：一方面农户不恰当的消费方式、生活方式、生产方式带来废弃物增加，同时对废弃物的不当处理造成农村生态环境破坏；另一方面农户的亲环境行为能够改善农村生态环境治理，对废弃物的适当处理等行为选择将有利于农村可持续发展。在国家农村环境污染治理的大背景下，农户是政策、项目实施的主体，要求农户积极参与到治理过程中；同时，农户也是节约技术实施的主体。由于因为技术带来的节约已被过度消费抵消，技术创新也需要居民行为的改变，农户需要接受、理解、购买新的技术，并学会合理使用新的技术。[①]因此，研究农村生活垃圾管理，必然无法忽略农户的环境行为。

农户不恰当的生活垃圾处理行为造成农村生态环境进一步恶化。生活垃圾的随意丢弃行为是农村生活污染的主要来源，而垃圾堆放是农户行为的结果。陈诗波等在湖北省的调查结果显示，66.1%的农户选择将生活垃圾随意丢弃；部分地区农村居民的生活垃圾90%被随意丢弃在土壤、房前屋后及河流等。[②]生活垃圾的随意处置是农村生活垃圾污染的直接原因。

农户生活垃圾的收集行为有助于农村生态环境的改善。生活垃圾的处理方式中，随意丢弃是消极的处理方式，与此相对应的是生活垃圾的收集行为。在垃圾的收集、运送、处理环节中，生活垃圾收集行为是连接垃圾产生者和管理者的纽带，也是农户所能控制的唯一行为，其意义在于农户的垃圾收集行为是垃圾规范化处理的起点，是垃圾集中处理的前提。垃圾收集行为是其他环境行为的开端和初始形态：对于个人而言，生活垃圾收集行为是相对简单、低成本的环境行为，一旦接受之后，会激发出更多的行为；一项垃圾回收项目可能会激发个人去考虑其他环境相关行为，垃圾收集行为可能是发展环境责任社会第一步。我国农村居民亲环境行为仍处在低级阶段，研究农户生活垃圾收集行为，具有较强的现实意义。

① STEG L，VLEK C. Encouraging pro-environmental behaviour：an integrative review and research agenda［J］. *Journal of Environmental Psychology*，2009，29（3）：310.

② 陈诗波，王亚静，樊丹. 基于农户视角的乡村清洁工程建设实践分析——来自湖北省的微观实证［J］. 中国农村经济，2009（4）：64.

绝大多数中国农村居民并未表现出积极的生活垃圾收集行为。主要原因有，农户环境意识低下，无法意识到生活垃圾造成的危害；长期传统农业生产生活方式造就其垃圾处理习惯无法改变；以及缺乏生活垃圾处理设施等。除环境意识、生活习惯外，生活垃圾处理设施是影响农户生活垃圾收集行为的重要外部因素。

农户垃圾收集行为受限于环境公共物品的供给。提供环境服务（如垃圾桶或者垃圾分解设施）被视为当地政府的主要职责，①其问题在于提供的服务模式是否与当地的社会经济、人口特征相符？垃圾收集服务的便利性是否创造了一种社会环境，使其他亲环境行为更容易发生？从现实来看，中国农村普遍缺乏生活垃圾的收集、处理设施，基础设施和服务缺乏导致农户无法表现出积极的环境行为。同时，社会情景因素影响农户的垃圾收集行为，这意味着如果生活垃圾收集设施设置、规划不合理，依然会限制农户的生活垃圾收集行为。

农户对农村地区公共产品的需求十分强烈，尤其是生活垃圾处理服务。史耀波、刘晓滨以全国100个村为样本研究农村公共产品的供给，结论显示39%的村表示对生活垃圾处理现状不满，远高于道路、灌溉和饮用水等公共服务，该结论表示农户已经意识到生活垃圾问题的严重性并表达出其需求。②罗万纯使用全国803个样本数据，研究农户对生活环境公共服务的需求大小，结果显示，农户对垃圾处理服务的需求仅次于安全饮用水，表明农村居民对生活垃圾处理服务的需求强烈。③

农村现有生活垃圾供给服务远不能满足农户的需求。尽管政策支持和资金投入在不断增加，但现有农村生活垃圾收集、分解和处理服务、设施

① BERGER I E. The demographics of recycling and the structure of environmental behavior［J］. *Environment and Behavior*, 1997, 29（4）: 516.

② 史耀波，刘晓滨. 农村公共产品供给对农户公共福利的影响研究——来自陕西农村的经验数据［J］. 西北大学学报（哲学社会科学版），2009，39（1）：24.

③ 罗万纯. 中国农村生活环境公共服务供给效果及其影响因素——基于农户视角［J］. 中国农村经济，2014（11）：71.

依然严重不足。如《2014中国环境状况公报》所指出的，即使63.2%的村庄提供了垃圾收集点，47%的村庄提供了垃圾处理服务，数据显示仍有至少40%的村庄没有垃圾收集点或者缺乏生活垃圾处理基本服务。从生活垃圾处理服务的供给质量来看，依然存在不足，表现为百人拥有垃圾桶数量较少、各省域之间生活垃圾处理服务差异较大等问题。[①]

多地通过创新生活垃圾管理模式解决农村生活垃圾问题。如前所述，多地通过将城市生活垃圾处理服务延伸到农村，或通过购买私人服务来处理。其共同点在于，在现有的农村生活垃圾管理模式中引入市场化因素，通过政府、私人、农户的共同付费，实现农村生活垃圾的治理。在生活垃圾创新管理中，农户面临着付费的问题。由于环境意识低下，及农户没有为公共服务付费的习惯，导致生活垃圾创新模式的实践存在困难。因此，有必要对农户生活垃圾处理的支付意愿做深入研究和探索。

2005年中共中央在《十一五规划纲要建议》中提出社会主义新农村建设以来，在改善农村人居环境、提高农村人均收入方面取得了巨大成就；但依然面临基础设施缺乏、基本公共服务匮乏等问题，与我国全面建成小康的目标不相符。2012年国家发改委提出要在2020年实现城乡基本公共服务均等化。农户生活垃圾处理的行为选择、支付意愿，以及在农村环境类公共服务缺乏成为农村生活垃圾污染治理的关键问题，也成为本书研究的出发点。

二、研究意义

相对于城市生活垃圾问题，较少文献关注农村地区生活垃圾及农户垃圾处理行为等问题，有关实证研究更是缺乏。本书通过使用全国5省25个县101个村2028个农户数据，研究农户在面对生活垃圾问题时的行为选择和支付意愿，具有理论和现实意义。

① 黄开兴，王金霞，白军飞，等. 我国农村生活固体垃圾处理服务的现状及政策效果［J］. 农业环境与发展，2011，28（6）：36.

从理论上看，本书将内部作用机理和外部制度环境结合起来，构建了农户生活垃圾处理的行为选择和支付意愿的内外维度模型，较为全面地展现了目前我国农村居民环境意识低下、环境保护行为滞后以及支付意愿较低的原因。同时，结合农户经济行为特征和环境公共产品的性质，本书认为目前农户的环保行为呈现有限理性的特征，即有限的环境意识和有限的环境行为相结合，为制定针对农户参与农村环保的相关政策提供了理论上的参考依据。

从现实来看，农村生活垃圾所造成的环境污染，其形势严峻已成为政府、学者、农户的共识，因此研究农户生活垃圾处理的行为选择和支付意愿具有以下现实意义。

第一，健全现行农村环境保护政策。农户是农村环境保护的主体，农村环境问题的治理需要农户的参与，目前我国农村居民环境意识低下、环境行为滞后，严重影响了农村生态环境的改善。我国农村环境管理面临着环境法规缺失、已有环境法规缺乏可操作性等困境。本书通过微观数据研究农户面对生活垃圾处理时的行为选择和支付意愿内在作用机理，探索社会情景、个人特征等因素对农户行为选择、支付意愿的影响机理；并总结出在环境保护中农户所表现出的特征，为健全现行农村环境保护政策提供了理论支撑。

第二，完善现有农村环境治理体制。目前中国环境污染治理的重点依然在城市和工业点源污染，农村地区生活垃圾污染处于自发状态，城乡环境管理二元结构下，农村环境治理的基础设施、资金、政策法规、人员配置等较为缺乏。通过构建农户生活垃圾处理的行为选择和支付意愿内外维度模型，指出外部制度环境是影响居民生活垃圾收集行为的重要外生变量。在外部制度环境中，农村生活垃圾处理服务供给显著改善农户的亲环境行为，并提高农户的支付意愿。以此为基础，通过创新生活垃圾管理模式、增加资金投入等途径完善目前农村现有的环境治理体制。

第三，改善农村生态环境。环境质量与污染水平之间存在着“倒U”型的曲线关系，在生活垃圾的治理方面也得到了证实。随着农村居民生活水平的进一步提高，农户开始对环境质量有所要求，加之新农村建设和城乡公共服务均等化的推进，农村生活环境改善已成为大势所趋。研究农户的行为及农村生活垃圾处理服务供给，均是为目前农村生活垃圾管理提供政策建议，并通过改进农村生活垃圾管理而改善农村生态环境，实现农村地区人居环境的可持续发展。

第二节　研究对象与研究方法

一、研究对象

农户的环保行为是农村生活垃圾污染治理的关键因素，本书以农户生活垃圾处理的行为选择和支付意愿为核心开展研究，研究对象主要包括四个：

第一，农户生活垃圾处理的行为选择和支付意愿的形成机理。基于农户参与生活垃圾治理的环境经济学理论及农户环保特征分析，本书构建了农户生活垃圾处理的行为选择和支付意愿的内外维度模型，认为内部作用机理和外部制度环境共同塑造了农户的环保行为和支付意愿。

第二，农户生活垃圾处理行为选择的内在作用机理。基于计划行为理论，本书构建了农户生活垃圾处理的行为选择模型，并使用已提供生活垃圾收集服务的村的农户数据，探索农户垃圾收集行为现状及影响因素，并利用分层回归研究其最关键的影响因素。

第三，农户生活垃圾处理支付意愿的内在作用机制。基于价值信念理论，本书构建了农户生活垃圾处理的支付意愿模型，使用全国5个省共1949个农户数据，探索农户支付意愿概率和支付意愿水平的影响因素，并结合宏观数据进行福利分析和需求分析。

第四，农户生活垃圾处理的行为选择和支付意愿的外在制度环境影响分析。本书使用202个村级数据分析目前农村生活垃圾处理服务供给现状，并实证检验其影响因素；通过将农户数据和村级数据结合起来，分析农村生活垃圾处理服务供给对于农户生活垃圾处理的行为选择、支付意愿的具体影响作用。

二、研究方法

第一，演绎分析法。要了解农户生活垃圾处理的行为选择及支付意愿的作用原理，需要梳理已有的微观经济学、环境经济学、农户经济学等相关理论，并结合学术界已有的研究成果，以此为基础，推知农户的行为选择和支付意愿的内外维度模型；并以计划行为理论和价值信念理论为基础，推知农户的行为选择模型和支付意愿模型，从而总结、概括和提升本质性的东西。根据演绎分析法，本书的第2章、第3章分别是文献综述和理论框架，从已有文献和经济学理论出发，构建理论框架模型。

第二，归纳总结法。本书的研究核心为农户生活垃圾处理的行为选择和支付意愿，其本质在于分析农户的环保特征。在构建农户的行为选择模型和支付意愿模型之后，个人特征、社会情景等因素对其的影响不一而足，散落在各个模型中。因此，使用归纳总结法，将零散分布于各个章节中有关农户特征的观点归纳总结，最终得出农户有限环保行为和有限环保意识的特征。

第三，入户访谈法。在数据的获取方面，本书主要使用了入户访谈法。课题组于2012年3—4月，分别在河北、江苏、陕西、吉林和四川等5个省份的25个县进行调研，通过入户访谈，与农户面对面交流，得出翔实的数据，数据的可信度较高。

第四，实证分析法。在本书的章节设计中，第4～7章为实证分析部分，实证分析的一般逻辑是，以经济学为基础理论构建模型，并对各个因素进行数理化分析。分别采用计划行为理论、价值信念理论对模型进行推演和论证，并结合变量特征提出假说和变量预期作用方向。同时在实证分析过程中，选择合适的计量经济方法如最小二乘回归、离散选择模型及分层回归等方法检验理论模型假说，以提高其可信性和解释力。

第五，微观分析和宏观数据相结合的方法。本书所使用的数据为通过调查典型样本获得的微观数据，数据具有典型代表性，但无法反映全国农户的整体状况。因此，需要结合相关宏观数据进行分析，以得出有益于现实的结论。这种方法集中运用于第5章，具体做法是，微观数据得出农户的支付意愿之后，查找统计年鉴的相关数据，可估算出各省及全国农户整体的支付意愿，并与政府投资相比较，得出政府投资无法满足农户需求的结论。

第三节　基本思路与研究框架

一、基本思路

本书的基本思路如下：

首先是绪论。本章主要内容包括研究背景及研究意义、研究对象与研究方法，基本思路与研究框架及创新之处。

第1章为文献综述。本章主要内容包括概念界定、农户生活垃圾处理的行为选择研究综述、农户生活垃圾处理的支付意愿研究综述及对已有文献的述评。鉴于国外已有文献的研究相对较早，在文献综述的整体思路中，本章使用先国外、后国内的思路开展，国内文献通常借鉴国外已有的理论和模型对国内进行研究，在理论和实证方面都取得了一定的成绩。

第2章为理论模型构建。本章总体结构为总分模式，第一部分构建了本书的整体模型，即内外维度模型。第二部分为农户生活垃圾处理的行为选择和支付意愿内在作用机理，构建了基于计划行为理论的农户生活垃圾处理的行为选择模型和基于价值信念理论的农户生活垃圾处理的支付意愿模型。第三部分为农户生活垃圾处理的行为选择和支付意愿的外在制度环境，从城乡环境管理二元特征出发，分析在此结构下农村生活垃圾的管理模式及存在的问题，并指出农村生活垃圾处理服务供给是影响农户行为选择和支付意愿最重要的外生变量。

第3章为农户生活垃圾处理的行为选择实证研究。主要包括数据来源与调查内容、模型设定、农户生活垃圾处理的行为选择实证分析，然后是对情景因素的进一步分析及本章小结。其中模型设定部分又包含了样本说明、模型构建、变量选取与预期作用方向；农户生活垃圾处理的行为选择实证分析包括描述性统计、单因素分析、计量模型分析及结果讨论。计量方法上，本章主要使用了Logit回归和分层回归的方法。

第4章为农户生活垃圾处理服务的支付意愿实证研究。本章共包括五部分内容，分别为样本说明和研究方案设计、模型设定、农户生活垃圾处理的支付意愿实证研究以及对支付意愿的进一步分析和本章小结。其中，农户生活垃圾处理的支付意愿实证研究是本章的主体部分。

第5章为农村生活垃圾处理服供给实证研究。本章内容主要包括样本说明和调查内容、农村生活垃圾处理服务供给现状、农村生活垃圾处理服务供给的影响因素实证研究及本章小结。

第6章为农村生活垃圾处理服务供给对农户行为选择及支付意愿的影响。结合农户数据和村数据，主要分析了农村生活垃圾处理服务对改善农户生活垃圾收集行为、支付意愿的影响，主要内容包括农户生活垃圾处理的行为选择和支付意愿的一致性研究、农村生活垃圾处理服务供给对农户行为选择的影响以及农村生活垃圾处理服务供给对农户支付意愿的影响。

第7章为研究结论和对策建议。本章主要内容包括研究结论、提高农户参与生活垃圾治理的对策建议及进一步研究的问题。

二、研究框架

结合本书的研究思路，本书的框架结构如图1–1所示。

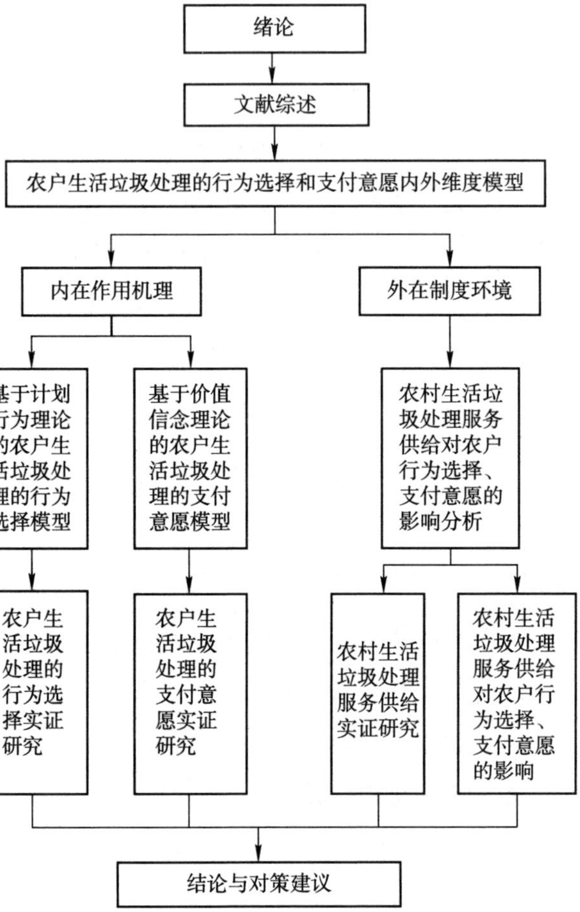

图1–1　全书的框架结构

第四节　本书的创新之处

垃圾收集行为是农户环保行为的初始形态，也是连接垃圾产生者和管理者的纽带。结合研究内容，本书的创新点包括：

第一，首次构建了农户生活垃圾处理的行为选择和支付意愿内外维度模型。在面临生活垃圾所造成的环境污染时，农户的行为选择和支付意愿是内部因素和外部因素共同作用的结果。以环境经济学理论为基础，结合农户环保行为特征和新制度经济学，本书首次构建了农户生活垃圾处理的行为选择和支付意愿内外维度模型，内部维度模型是指内在行为机理，外在维度是指外部制度环境。该理论模型较为全面地考察了在目前农村生活垃圾管理模式下农户行为选择及支付意愿的形成机理，在理论方面具有一定的创新性。

第二，提出农户在参与环境保护时具有“有限理性”的特征。农户是农村环境保护的主体，在农户经济学“经济人”特征的基础上，结合环境保护的外部效应和环境产品的公共物品性质，分析认为农户在进行环保活动时具有有限理性的特征，其有限理性特征集中体现在其面对生活垃圾处理时的行为选择和支付意愿方面。在进行实证之后，结论证明实证结果与理论分析一致，作为环境保护主体的农户在环境保护中体现出有限理性的特征。该结论对农户环保行为特征的分析具有一定的理论创新。

第三，使用了大样本调查数据，实证结果具有代表性。目前专门研究农户生活垃圾处理的行为选择及支付意愿的大样本实证研究较为缺乏，本书使用全国5个省101个村庄共2028个样本农户数据，研究农户生活垃圾处理服务的行为选择和支付意愿，其实证结果具有一定的代表性和现实意义。

第一章　文献综述

第一节　相关概念综述

一、农村生活垃圾的概念综述

赵由才等将生活垃圾定义为人类在日常生活及为日常生活提供服务的活动中产生的固体废物；[①]杨荣金、李铁松在区别农村生活垃圾和城市生活垃圾的基础上，将农村生活垃圾划分为可堆肥类（有机物）、惰性类（无机物）、可回收废品和有害废品。[②]此后多有学者采取了杨荣金的定义，但将研究范围进一步缩小。如黄开兴等将生活垃圾界定为，包括农村生活中产生的厨余和各种塑料、玻璃、纸张、织物与皮革、金属、灰渣及其制品等垃圾。[③]在总结前人学者对于农村生活垃圾的基础上，本书将农村生活垃圾界定为三类：厨余垃圾（如剩饭、菜叶杆、肉类残余等）、可回收垃圾（纸制品、瓶子、金属等）和不可回收垃圾（如包装袋、玻璃等）。

本书对于农村生活垃圾概念的界定有两点说明：①该概念不包含有害物质垃圾、建筑垃圾和农业生产垃圾；②本书界定的生活垃圾既包含可以出售的部分，也包含农户随意丢弃的部分。鉴于对“农村生活垃圾”概念的界定，有必要对“农村居民生活垃圾处理的行为选择”“农户生活垃圾

① 赵由才，龙燕，张华. 生活垃圾卫生填埋技术［M］. 北京：化学工业出版社，2004：1.

② 杨荣金，李铁松. 中国农村生活垃圾管理模式探讨——三级分化有效治理农村生活垃圾［J］. 环境科学与管理，2006，31（7）：83.

③ 黄开兴，王金霞，白军飞，等. 农村生活固体垃圾排放及其治理对策分析［J］. 中国软科学，2012（9）：74.

处理的支付意愿”作概念界定。

二、农户生活垃圾处理行为选择的概念综述

根据“农村生活垃圾”的定义，目前农户生活垃圾处理行为包括售卖、集中收集、随意排放、资源化及焚烧等。

在广大农村地区，农户生活垃圾的集中收集行为一般发生在提供垃圾生活垃圾处理设施的村中，但集中收集的比例较低。王金霞等的调查中，在提供生活垃圾处理设备的村中，仅有30%的农户将生活垃圾投放到了公共设备中；[①]刘莹、王凤的研究中，在江苏、四川、陕西、吉林和河北5个省份提供垃圾收集清运服务的村中，平均58.9%的农户采取了定点倾倒，将生活垃圾投到固定收集点。[②]考虑到农村生活垃圾处理服务供给不足及供给质量差，并且存在着巨大的地区差异，目前农户生活垃圾的收集行为还处于初级阶段，有待加强。

随意排放是目前农户生活垃圾的主要处理方式，张旭吟等认为农户随意排放行为是指农户未将生活废弃物送至指定堆放或回收地点，随意丢弃、乱堆乱放的行为，[③]本书沿用这一概念。魏欣等研究表明，2007年全国农村产生的生活垃圾有3亿吨，其中1/3被随意丢弃；[④]邢美华等使用湖北和山西的调研数据，认为60.8%的生活垃圾被随意丢弃；[⑤]王金霞等农村生活垃圾随意丢弃的平均比例为30.3%。[⑥]由于分散居住，广大农村地区缺乏统

---

① 王金霞，李玉敏，黄开兴，等. 农村生活固体垃圾的处理现状及影响因素［J］. 中国人口·资源与环境，2011，21（6）：74.

② 刘莹，王凤. 农户生活垃圾处置方式的实证分析［J］. 中国农村经济，2012（3）：90.

③ 张旭吟，王瑞梅，吴天真. 农户固体废弃物随意排放行为的影响因素分析［J］. 农村经济，2014（10）：95.

④ 魏欣，刘新亮，苏杨. 农村聚居点环境污染特征及其成因分析［J］. 中国发展，2007，7（4）：93.

⑤ 邢美华，张俊飚，黄光体. 未参与循环农业农户的环保认知及其影响因素分析——基于晋、鄂两省的调查［J］. 中国农村经济，2009（4）：74.

⑥ 王金霞，李玉敏，黄开兴，等. 农村生活固体垃圾的处理现状及影响因素［J］. 中国人口·资源与环境，2011，21（6）：74.

一的规划和生活垃圾处理设施，生活垃圾随意丢弃的现象比较常见，并且存在较为明显的区域差异，如江苏、浙江等东部地区生活垃圾统一处理的比率远高于其他省份，而河北随意丢弃的比例最高为64.6%。①

农户生活垃圾的售卖行为，是指将可回收垃圾中的部分垃圾如纸张、瓶子、金属等生活垃圾售卖，以获得经济收入。售卖的途径有两条：一是在家庭内部分拣，并卖给回收站而进入垃圾循环渠道；另一种方式是中国城市及农村存在大量“拾荒者”，②通过收集家庭抛弃的垃圾为生，并将垃圾卖给回收站进入生活垃圾循环渠道。中国农村家庭的垃圾售卖行为，也可视为生活垃圾分类的重要过程。王金霞等在针对甘肃和河北省的农村固体垃圾处理现状中指出，在将垃圾投放到公共垃圾点的农户中，仅有1%的农户将垃圾投放到了分类垃圾桶中。③考虑到农户生活垃圾的售卖行为和拾荒者的垃圾收集行为，1%的投放率并不能说明农户没有进行生活垃圾分类处理。

除出售、收集和随意丢弃外，农户生活垃圾处理的其他行为还包括还田、焚烧、填埋等，但还田、焚烧、填埋等方式处理垃圾的比例较小，在此不再赘述。综上所述，本书所考察的“农户生活垃圾处理的行为选择”主要指农户是否将生活垃圾（除去出售部分）进行集中收集，即农户将生活垃圾集中收集到垃圾收集点还是随意丢弃，并研究其行为的影响因素。

因为涉及国外文献综述，有必要将“集中收集行为”与国外的相关概念做简要说明。国外学者使用“recycling behavior（回收行为）”表示居民垃圾处理的行为选择。考察“回收行为”的具体含义，包含生活垃圾的分类、收集、运输和处理的一系列过程，甚至包含污染最小化的掩埋处理方

① 王金霞，李玉敏，黄开兴，等. 农村生活固体垃圾的处理现状及影响因素［J］. 中国人口·资源与环境，2011，21（6）：74.

② Pratiwi等（2010）指出，拾荒者普遍存在于发展中国家，如中国、印度、墨西哥等，他们通常处于社会最底层，生活无保障，以售卖可回收垃圾为生。

③ 王金霞，李玉敏，黄开兴，等. 农村生活固体垃圾的处理现状及影响因素［J］. 中国人口·资源与环境，2011，21（6）：75.

式。[①]本书所考察的农户生活垃圾处理行为，具体是指是否进行垃圾的集中收集行为。生活垃圾集中收集是“回收行为”的一个具体步骤，但两者在内容、方式等方面存在显著的差异。

首先，在生活垃圾回收的内容方面。国外学者研究垃圾的回收行为，通常认为垃圾产生量剧增，加之掩埋方式的成本昂贵、焚烧的二次污染严重，因此提倡“通过垃圾循环利用减少垃圾的产生量”[②]，生活垃圾的“回收行为”是一个完整的体系，生活垃圾回收的内容包含可回收垃圾、不可回收垃圾及厨余垃圾等。与国外相比，中国农村不存在完整的生活垃圾分类收集、处理的服务和实施，垃圾收集、分类和处理的过程是分离的；生活垃圾收集行为包括生活垃圾中除售卖部分外的其余垃圾，具体包括全部或部分厨余垃圾、部分可回收垃圾和不可回收垃圾。

其次，生活垃圾处理方式存在差异。目前生活垃圾处理的方式主要包括掩埋、焚烧、堆肥等，国外生活垃圾进行回收体系中，根据垃圾的性质选择不同的回收方式，如纸张以回收利用为主。中国城市生活垃圾主要以掩埋为主，西安市生活垃圾80%进行了掩埋；中国农村生活垃圾目前无固定的处理方式，不提供垃圾服务的地区，生活垃圾随处可见，如村前屋后、河流旁边；在提供基本的垃圾处理设施如垃圾台的地区，垃圾定时焚烧；在东部发达地区，较少实现城乡垃圾管理一体化，并实现生活垃圾的无害化处理。

综上所述，国外文献中所提及的“回收行为”与本书所研究的农户生活垃圾处理行为存在着交叉。通过对国内外生活垃圾“回收行为”的辨析，本书将“生活垃圾处理行为”界定为农村生活垃圾中，除能够出售的可回收垃圾以外，部分可回收垃圾和不可回收垃圾处理行为包括随意丢弃

---

① TONGLET M, PHILLIPS P S , READ A D . Using the Theory of Planned Behaviour to investigate the determinants of recycling behaviour: a case study from Brixworth, UK [J] . *Resources*, *Conservation and Recycling*, 2004, 41 (3): 191.

② OSKAMP S, HARRINGTON M J, EDWARDS T C, et al. Factors influencing household recycling behavior [J] . *Environment and Behavior*, 1991, 23 (4): 495.

和集中收集。

三、农户生活垃圾处理支付意愿的概念综述

支付意愿通过假想条件价值评估法获得，该方法用于评估人们对非市场产品的偏好，并愿意为产品质量的提升而付出的经济价值。[①]鉴于农村生活垃圾造成的污染不断加剧，农户生活垃圾处理的支付意愿的测度，一般通过假设一种情景，即“村里雇人每天运走垃圾”；用二分选择法以评估人们对日常生活环境的偏好及愿意支付的费用，通过问题“条件是每户每月交5元钱，你愿意吗”“条件是每户每月交2元钱，你愿意吗”等获得农户生活垃圾处理服务的支付意愿。

第二节　农户生活垃圾处理的行为选择研究综述

农户生活垃圾的处理行为属于环境行为，本部分的研究范围从环境行为到农户环境行为、农户生活垃圾处理的行为选择，范围从大到小，试图将环境行为的研究全面呈现。

一、环境行为研究阶段划分

环境行为的研究起源于20世纪70年代的西方国家，最初由环境心理学领域主导。Craik于1973年发表在《心理学年鉴》（*Annual Review of Psychology*）的环境心理学发展的文章中认为“科学研究人类行为和环境的互动”的独特特点是其多学科特征[②]。环境行为的多学科特点说明涉猎学科的广泛性，自此之后，环境行为的研究从心理学领域走向环境领域，并

① A. 迈里克·弗里曼. 环境与资源价值评估——理论与方法［M］. 曾贤刚，译. 北京：中国人民大学出版社，2002：27-29.

② CRAIK K H. Environmental psychology［J］. *Annual Review of Psychology*，1973，24（1）：403.

成为环境管理的重要研究内容。根据亲环境行为的演进过程，可将环境行为的研究划分为3个阶段。

第一个阶段为20世纪70—90年代初期。20世纪70年代环境社会学中的主流观点为，社会组织的基本模式由自然环境满足人类的基本需求所塑造，典型的如HEP范式（Human Exemptionalism Paradigm）。①同时环境主义开始觉醒，1972年罗马俱乐部出版《增长的极限》一书，提出人类的增长存在极限；Dunlap和Van Liere则指出，人类活动造成了脆弱生态环境的快速恶化。②以此为起点，关于人类行为和环境关系的研究大批涌现，Dunlap和Van Liere的新环境范式模型，随后出现的规范激活模型及计划行为理论等解释人类环境行为的经典模型，经过不断修正，至今仍具有较强的生命力。

第二阶段为20世纪90年代中后期至21世纪初期。随着全球化进程及全球环境问题的凸显，仅从环境心理学角度解释人类行为和环境之间的关系已经不能满足现实需求，学术研究中加入环境经济学的理论和实证模型。该阶段人类行为和环境关系的研究可从理论和实证两个角度说明其进展，从理论的角度看，纯粹的环境心理学理论开始加入社会情景、经济学等学科领域，呈现出环境心理学与环境经济学交融的态势，如价值信念模型③、目标框架模型④等。从实证的角度看，学者开始采用区域或跨区域的数据，使用计量模型研究某种因素对环境行为的影响，如个人特征和社会经济因素。

第三阶段为21世纪初期至今。发展中国家环境问题开始凸显，与此

① CATTON W R, DUNLAP R E. A new ecological paradigm for post-exuberant sociology［J］. *American Behavioral Scientist*, 1980, 24（1）: 22.

② DUNLAP R E, VAN LIERE K D. The "New Environmental Paradigm"［J］. *The Journal of Environmental Education*, 1978, 9（4）: 11.

③ STERN P C. Information, incentives, and pro-environmental consumer behavior［J］. *Journal of Consumer Policy*, 1999, 22（4）: 462.

④ LINDENBERG S, STEG L. Normative, gain and hedonic goal frames guiding environmental behavior［J］. *Journal of Social Issues*, 2007, 63（1）: 125.

同时，全球性环境问题亟待解决，人类行为与环境相关的研究主要以实证研究为主，研究呈现出以下特点：①利用已有的理论和模型，针对发展中国家如巴西、中国等的亲环境行为实证研究逐渐增加；[①]②欧美国家的实证研究开始细化，融合经济学理论，研究某种因素对亲环境行为的影响，如社会交往的强度和密度对亲环境行为的影响，环境知识对亲环境行为的影响，利用有限理性研究居民户到回收设施的主观距离和客观距离对亲环境行为的影响；[②]③针对亲环境行为的研究，如研究亲环境行为的积极溢出效应和消极溢出效应和亲环境行为的多维结构。[③]

二、亲环境行为研究综述

亲环境行为，也被称为“负责的环境行为”[④]“生态行为”[⑤]“节约行为”[⑥]“环境支持行为”[⑦]“环境显著行为”[⑧]等。Stern将亲环境行为定义为，对“物质或者能量的使用”有积极影响的行为及与“改变生态系统或生

① FENG W, REISNER A. Factors influencing private and public environmental protection behaviors: results from a survey of residents in Shaanxi, China [J]. *Journal of Environmental Management*, 2011, 92 (3): 432.

② LANGE F, BRÜCKNER C, KRÖGER B, et al. Wasting ways: perceived distance to the recycling facilities predicts pro-environmental behavior [J]. *Resources, Conservation and Recycling*, 2014(92): 250.

③ LARSON L R, STEDMAN R C, COOPER C B, et al. Understanding the multi-dimensional structure of pro-environmental behavior [J]. *Journal of Environmental Psychology*, 2015(43): 114.

④ COTTRELL S P. Influence of socio demographics and environmental attitudes on general responsible environmental behavior among recreational boaters [J]. *Environment and Behavior*, 2003, 35 (3): 347.

⑤ KAISER F G. A general measure of ecological behavior1 [J]. *Journal of Applied Social Psychology*, 1998, 28 (5): 395.

⑥ GOSLING E, WILLIAMS K J H. Connectedness to nature, place attachment and conservation behaviour: testing connectedness theory among farmers [J]. *Journal of Environmental Psychology*, 2010, 30 (3): 298.

⑦ HUDDART-KENNEDY E, BECKLEY T M, MCFARLANE B L, et al. Rural-urban differences in environmental concern in Canada [J]. *Rural Sociology*, 2009, 74 (3): 309.

⑧ JENSEN B B. Knowledge, action and pro-environmental behaviour [J]. *Environmental Education Research*, 2002, 8 (3): 325.

态圈的结构、动态”积极相关的行为；[①]Jensen认为亲环境行为是一种有意识的行为，目的在于减少人类行为对于环境的消极影响，或提高环境质量；[②]Huddart-Kennedy认为亲环境行为为个人直接参与的行为，目的在于有益于环境；[③]Steg和Vlek认为亲环境行为可以界定为，采取尽可能减少环境损害，甚至有益环境的行为。[④]从上述各定义可以看出，亲环境行为的定义较为统一，旨在通过人类行为减少环境损害或提高环境质量。

亲环境行为是一个宽泛的概念，存在多重维度。区分维度的原因在于，不同的亲环境行为在执行难度上存在差异；由于亲环境行为的动机不同，居民的环境行为表现出明显的差异；加之亲环境行为对环境产生的影响不同（如可分为直接影响和间接影响等）[⑤]。按照维度进行分类，亲环境行为存在不同的类型，对亲环境行为进行分类并研究各个类别的特征显得尤为必要。

按照Stern的定义，亲环境行为包含3种，即绿色购买行为、公民行为及环保主义者行为。[⑥]绿色购买行为是指在购买特定的商品或服务时考虑到环境结果；公民行为是指区别于绿色购买行为，其他能够对环境产生积极影响的行为，如参与到生活垃圾回收或清洁驾驶等行为；环保主义者行为涉及公众活动，如同政府代表交流阐述环境问题、支持当地的环保组织等。

较为普遍的分类方法为个人环境行为和公众环境行为。个人环境行为

---

① STERN P C. Toward a coherent theory of environmentally significant behavior [J]. *Journal of Social Issues*, 2000, 56 (3): 408.

② JENSEN B B. Knowledge, action and pro-environmental behaviour [J]. *Environmental Education Research*, 2002, 8 (3): 326.

③ HUDDART-KENNEDY E, BECKLEY T M, MCFARLANE B L, et al. Rural-urban differences in environmentalconcern in Canada [J]. *Rural Sociology*, 2009, 74 (3): 310.

④ STEG L, VLEK C. Encouraging pro-environmental behaviour: an integrative review and research agenda [J]. *Journal of Environmental Psychology*, 2009, 29 (3): 311.

⑤ POORTINGA W, STEG L, VLEK C. Values, environmental concern, and environmental behavior a study into household energy use [J]. *Environment and Behavior*, 2004, 36 (1): 72.

⑥ STERN P C. Toward a coherent theory of environmentally significant behavior [J]. *Journal of Social Issues*, 2000, 56 (3): 409.

多发生在私人领域，如减少垃圾排放量、垃圾回收行为、节约用水、节约能源、绿色交通方式和绿色（环境友好型）消费方式等；[①]公众环境行为则发生在公共领域，如为环保事件签署请愿书、写信、捐钱，或为亲环境提案持续投票等。[②]

Larson等使用美国纽约州农户为样本，以参与者不同为依据对亲环境行为进行分类，将当地农户分为4类[③]。社会环境主义者，其特征为针对环境事件对其他人展开教育，参加当地的环保组织，在环境事件面前同当地人或年轻人合作；土地管理者，更关注自身/公众土地质量的提升，更关注野生物种；节约的生活方式，该类参与者拥有更多的环境行为，如回收利用产品、节约用水或能源、减少垃圾排放等；环境公民，该类居民的环境行为多发生在公共领域，如为环保政策投票、针对环境事件写信、为环保组织捐款等。但Larson的分类方法并没有清晰的维度和逻辑基础。

（一）亲环境行为的动机

人们为什么会进行亲环境行为？已有文献从经济、心理及综合的视角对亲环境行为的动机进行梳理。

第一，衡量成本和收益。经济人的本性促使个人在进行亲环境行为时，总是付出最小成本并期待获取最大利益。具有影响力的分析框架是计划行为理论，Ajzen提出计划行为理论[④]以来，该理论成功用于解释人们的亲环境行为，如循环行为、减少垃圾的行为、旅行方式选择、绿色消费等。

第二，单一因素驱动。多数学者认为亲环境行为只受单一因素的驱

① STEG L，VLEK C. Encouraging pro–environmental behaviour：an integrative review and research agenda［J］. *Journal of Environmental Psychology*，2009，29（3）：310.

② SCHULTZ P W，GOUVEIA V V，CAMERON L D，et al. Values and their relationship to environmental concern and conservation behavior［J］. *Journal of Cross-cultural Psychology*，2005，36（4）：459.

③ LARSON L R，STEDMAN R C，COOPER C B，et al. Understanding the multi–dimensional structure of pro–environmental behavior［J］. *Journal of Environmental Psychology*，2015(43)：115.

④ Ajzen I. The theory of planned behavior［J］. *Organizational Behavior and Human Decision Processes*，1991，50（2）：181.

动。单一因素驱动的文献围绕三条主线。第一条主线围绕环境信念和行为的价值基础，个人具有强烈的利他主义、亲社会、生态主义等价值观，越有可能参与到亲环境行为中。如Clayton的研究发现环境公正主义，即对其他物种和子孙后代负责及环境权利等，是解决环境冲突的重要原则；[①]Thøgersen认为亲环境行为与利他主义之间存在显著的正相关关系。[②]第二条主线集中于环境意识，环境意识一般由"新环境范式"衡量，环境意识越高，越可能有积极的环境行为，尽管两者之间的关系较为微弱。"新环境范式"及修正的"新生态环境范式"由Dunlap和Van Liere分别在1978年提出及2000年修正后，得到了广泛应用。[③]亲环境范式能有效区分出环境主义者和非环境主义者，成为亲环境行为的影响因素。[④]第三条主线集中于道德责任感，主要模型包括规范激活模型和价值信念模型，这两个模型成功地解释了低成本环境行为，但是在高行为价值方面（如减少家庭汽车使用）的解释力较弱。沿袭该模型，已有研究认为道德模型能够解释亲环境行为如能源节约、循环行为、旅行方式的选择和绿色消费等方面。[⑤]

第三，环境动机的综合视角。Stern认为环境意向是驱动环境行为的因素之一，可能还不是最主要的因素，环境行为来源于多种非环境的因素驱动，如省钱、追求舒适等。[⑥]Brandon和Lewis发现环境意识和成本减少对于促进能源节约非常重要；[⑦]Thøgersen认为货币激励和个人范式均能影响回

① CLAYTON S. Environmental identity: a conceptual and an operational definition [M]. Cambrideg, MA: MIT Press, 2003: 45.

② THØGERSEN J. Green shopping for selfish reasons or the common good [J]. *American Behavioral Scientist*, 2011, 55 (8): 1073.

③ DUNLAP R E, VAN LIERE K, MERTIG A, et al. Measuring endorsement of the new ecological paradigm: a revised NEP scale [J]. *Journal of Social Issues*, 2000, 56 (3): 427.

④ OLLI E, GRENDSTAD G, WOLLEBAEK D. Correlates of environmental behaviors bringing back social context [J]. *Environment and Behavior*, 2001, 33 (2): 188.

⑤ GUAGNANO G A, STERN P C, DIETZ T. Influences on attitude-behavior relationships a natural experiment with curbside recycling [J]. *Environment and Behavior*, 1995, 27 (5): 699.

⑥ STERN P C. Psychology and the science of human-environment interactions [J]. *American Psychologist*, 2000, 55 (5): 523.

⑦ BRANDON G, LEWIS A. Reducing household energy consumption: a qualitative and quantitative field study [J]. *Journal of Environmental Psychology*, 1999, 19 (1): 82.

收行为，经济激励增强内在动机，对个人的经济激励通过个人范式进行调节。[①]Lindenberg 和 Steg 提出了目标框架理论该目标框架认为人们的环境行为受到享乐、资源效率和社会规范的影响，这三种目标框架与计划行为理论、信念价值模型及激活规范模型之间存在对应关系，主要是从社会心理学角度对人们亲环境行为的心理动机进行综述。[②]

（二）亲环境行为的影响因素

（1）情景因素。情景因素包括循环设施的便利性、公共交通的质量、产品的市场供给及价格机制、社会背景、社会关系、社会网络等多个变量。情景因素能够显著影响人们亲环境行为的参与，如社会背景、社交范式等影响个人行为决策，已有研究表明社会关系和行为之间存在相关关系，即社会关系影响亲环境信念、偏好及行为等。[③]Kurz 等检验了社会背景如何影响居民的循环行为，结果表明“社区意识”变量能够更好地解释居民的生活垃圾回收频率。[④]Videras 等使用美国全国样本数据检验社会关系是否以及如何影响、决定一个家庭的生态足迹，结论表明社会关系具有亲环境范式，那么个人更有可能参与亲环境行为，与亲戚、邻居和同事等绿色家庭的持续联系有助于利他行为和社区行为。[⑤]Miller 和 Buys 发现，在干旱的社区中，个人报告与邻居有亲密的关系，更可能参与到亲环境的洗车模式中。[⑥]社区环境服务的质量和便利性在决定个人参与亲环境行为中起到关

① THØGERSEN J. Monetary incentives and recycling: behavioural and psychological reactions to a performance-dependent garbage fee［J］. *Journal of Consumer Policy*, 2003, 26（2）: 205.

② LINDENBERG S, STEG L. Normative, gain and hedonic goal frames guiding environmental behavior［J］. *Journal of Social Issues*, 2007, 63（1）: 120.

③ ALESINA A, GIULIANO P. Family ties and political participation［J］. *Journal of the European Economic Association*, 2011, 9（5）: 830.

④ KURZ T, LINDEN M, SHEEHY N. Attitudinal and community influences on participation in new curbside recycling initiatives in Northern Ireland［J］. *Environment and Behavior*, 2007, 39（3）: 380.

⑤ VIDERAS J, OWEN A L, CONOVER E, et al. The influence of social relationships on pro-environment behaviors［J］. *Journal of Environmental Economics and Management*, 2012, 63（1）: 46.

⑥ MILLER E, BUYS L. The impact of social capital on residential water-affecting behaviors in a drought-prone Australian community［J］. *Society and Natural Resources*, 2008, 21（3）: 252.

键作用。[①]因此，提供便利环境设施的区域，比没有便利环境设施的区域，人们的环境行为改善更多。例如，缺乏便利的垃圾回收桶可能会阻止人们的回收行为。

情景因素对亲环境行为的作用途径包括：①直接影响行为；②通过调节变量如态度、情感或个人规范等影响亲环境行为；③情景因素作为调节变量影响亲环境行为；④遵循道德框架理论，情景因素可能决定了目标框架理论的类型。

（2）人口统计特征。人口统计特征包括受教育程度、环境意识、收入水平、性别等内生变量，是影响亲环境行为的重要因素。国外已有研究对此进行了深入探讨，尽管得出的结论不尽统一，但仍为理解两者之间的关系提供了参考借鉴。教育是影响居民环境意识和环境行为的一个重要因素，其逻辑假设为人是理性的，一旦获得相关的环境信息，态度会改变，行为也会随之改变。研究表明，个人受教育程度越高，越关注环境质量，也会积极参与到负责任的环境行为中；[②]高受教育程度的个人具有更多的环境知识，更容易转化为亲环境行为。[③]

环境知识显著影响居民的亲环境行为。环境知识可以定义为个人识别出一系列与环境保护相关的标志、概念和行为模型的能力。[④]环境知识显著影响居民的环境行为；同时环境知识和亲环境行为之间无显著关系。[⑤]如关于环境问题的深层次知识及如何解决这些问题，能够提高个人参与环境保护行

① KENNEDY E H, BECKLEY T M, MCFARLANE B L, et al. Why we don't "walk the talk": understanding the environmental values/behaviour gap in Canada [J]. *Human Ecology Review*, 2009, 16 (2): 151.

② LOZANO R. Incorporation and institutionalization of SD into universities: breaking through barriers to change [J]. *Journal of Cleaner Production*, 2006, 14 (9): 792.

③ SCHLEGELMILCH B B, BOHLEN G M, DIAMANTOPOULOS A. The link between green purchasing decisions and measures of environmental consciousness [J]. *European Journal of Marketing*, 1996, 30 (5): 47.

④ LAROCHE M, BERGERON J, BARBARO-FORLEO G. Targeting consumers who are willing to pay more for environmentally friendly products [J]. *Journal of Consumer Marketing*, 2001, 18 (6): 510.

⑤ BARTIAUX F. Does environmental information overcome practice compartmentalisation and change consumers' behaviours [J]. *Journal of Cleaner Production*, 2008, 16 (11): 1176.

为的可能性。①在其他条件不变的情况下，个人拥有更多关于环境问题的知识，更倾向于以亲环境行为的方式行动。②同时，环境知识的匮乏限制亲环境行为。Kennedy等针对加拿大的研究结论表明，60%居民认为自身的亲环境行为受到环境知识缺乏的限制。③其他学者的研究则表明，缺乏环境知识或者过多的自我感知的环境知识，可能会带来错误的环境行为，如果这样的个人意识到环境问题和处境，则会做出更为负责任的环境行为。④最近的研究则认为，个人环境知识是环境行为的必要条件而非充分条件。⑤对于环境知识的进一步分析则可以分为两类：客观环境知识和主观环境知识。⑥客观环境知识也被称为真实的环境知识，代指个人真实了解某种产品、某个时间或某个目标的多少程度；主观环境知识也被称为感知的环境知识，表示个人认为自己了解环境知识的多少程度。已有研究多遵循主观环境知识而未衡量居民的客观环境知识，这可能是造成相互矛盾的结论的原因。

环境态度与亲环境行为之间存在显著的相关关系。环境态度可界定为，个人通过以一定程度的偏好评估自然环境表现出的心理倾向；⑦而其他学者则将环境态度等同于环境意识。⑧环境态度和亲环境行为之间的关系

① KAISER F G, FUHRER U. Ecological behavior's dependency on different forms of knowledge [J]. *Applied Psychology*, 2003, 52 (4): 608.

② OĞUZ D, ÇAKCI I, KAVAS S. Environmental awareness of university students in Ankara, Turkey [J]. *African Journal of Agricultural Research*, 2010, 5 (19): 2632.

③ KENNEDY E H, BECKLEY T M, MCFARLANE B L, et al. Why we don't "walk the talk": understanding the environmental values/behaviour gap in Canada [J]. *Human Ecology Review*, 2009, 16 (2): 151.

④ BARBER N, TAYLOR D C, STRICK S. Wine consumers' environmental knowledge and attitudes: influence on willingness to purchase [J]. *International Journal of Wine Research*, 2009: 63.

⑤ ENNEDY E H, BECKLEY T M, MCFARLANE B L, et al. Why we don't "walk the talk": understanding the environmental values/behaviour gap in Canada [J]. *Human Ecology Review*, 2009, 16 (2): 151.

⑥ BARBER N, TAYLOR D C, STRICK S. Wine consumers' environmental knowledge and attitudes: influence on willingness to purchase [J]. *International Journal of Wine Research*, 2009: 59.

⑦ MILFONT T L, DUCKITT J. The environmental attitudes inventory: a valid and reliable measure to assess the structure of environmental attitudes [J]. *Journal of Environmental Psychology*, 2010, 30 (1): 82.

⑧ DUNLAP R E, JONES R E. Environmental concern: conceptual and measurement issues [C]. In : DUNLAP R E, MICHELSON W. Handbook of Environmental Sociology [M]. Westport: Greenwood press, 2002: 502.

并不统一。有学者的研究表明环境态度与环境行为之间存在显著的正相关关系；[①]也有学者的研究表明环境态度与环境行为之间存在显著的负相关关系。[②]与此不同的是，Kollmuss和Agyeman的研究表明，两者之间不存在相关关系。[③]态度和行为之间存在不一致，原因可能包括：拥有环境知识的居民不知该如何开展环境行为；或者受社会规范的影响，即社会规范要求的行为与态度形成的行为之间存在冲突。尽管环境态度和环境行为之间不一致，但具有积极的环境态度确实能够增加亲环境行为的可能性。

环保领域中的性别敏感性研究早已为人所关注。相较于男性，女性拥有更为积极的环境行为。1974年，Francoise D'Eaubonne 首次提出“生态女性主义”，认为女性应该在环境保护中承担更积极的角色。[④]20世纪90年代的研究表明，女性参与了更多的亲环境行为。Zelezny等以14个国家的居民为研究样本，结论表明环境态度和环境行为中存在显著的性别差异，女性比男性表现出更为积极的环境行为；[⑤]而Davidson和Freudenburg则认为环境主义者中的性别差异并不普遍。[⑥]大部分学者认为，男性比女性拥有更多的环境知识，这源于男孩和女孩不同的社交方式。[⑦]原因在于，女性在人际关系中更为敏感，更容易通过道德关怀来解决问题，而男性更倾

① WANG F, CHENG Z H, KEUNG C, et al.Impact of manager characteristics on corporate environmental behavior at heavy-polluting firms in Shaanxi, China [J]. *Journal of Cleaner Production*, 2015(108): 714.

② COTTRELL S P. Influence of sociodemographics and environmental attitudes on general responsible environmental behavior among recreational boaters [J]. *Environment and Behavior*, 2003, 35 (3): 367.

③ KOLLMUSS A, AGYEMAN J. Mind the gap: why do people act environmentally and what are the barriers to pro-environmental behavior [J]. *Environmental Education Research*, 2002, 8 (3): 255.

④ D' EAUDBONNE F LE. Feminisme oula mort [M]. Pierre Horay, 1974: 1.

⑤ ZELEZNY L C, CHUA P P, ALDRICH C. Elaborating on gender differences in environmentalism [J]. *Journal of Social Issues*, 2000, 56 (3): 453.

⑥ DAVIDSON D J, FREUDENBURG W R. Gender and environmental risk concerns a review and analysis of available research [J]. *Environment and Behavior*, 1996, 28 (3): 336.

⑦ DIAMANTOPOULOS A, SCHLEGELMILCH B B, SINKOVICS R R, et al. Can socio-demographics still play a role in profiling green consumers? A review of the evidence and an empirical investigation [J]. *Journal of Business Research*, 2003, 56 (6): 472.

向于通过遵循规则解决问题；在现代家庭分工中，女性比男性更多地参与了家庭环保行为。

作为非正式教育的途径，人们通过媒体（电视或报纸）、网络或社会交往（家庭、朋友）获取更多关于环境事件的知识。已有文献认同非正式教育途径对产生环境责任的重要作用——个人通过非正式教育和媒体中形成的社交范式，通过影响态度和行为意向，而影响亲环境行为，①因此非正式环境教育对于个人形成环境态度非常关键。

（3）国家层面的因素。国家层面的因素包括环境结构、法律制度及文化差异等显著影响居民的亲环境行为。Diamantopoulos等认为，国家层面的因素如绿色产品的便利性、环境法律或者文化影响能够解释一个国家亲环境消费者的特征。②根据Cordano等的研究，亲环境行为受环境信念的影响，而环境信念在各个国家之间存在显著差异。③环境问题在各个国家中的感知不同，在发达国家，人们认为环境事件越来越严重。而发展中国家的情形则完全不同，如巴西、墨西哥和中国等国家，正在经历快速的工业化进程，环境标准和公众环境态度还不足以应付由高速经济增长所带来的环境压力。政府层面的环境政策显著影响公众的环境行为。

三、农户环境行为研究综述

与城市居民环境行为和企业员工环境行为不同的是，农户的生产与农业作业息息相关，已有研究更多关注与农业相关的环境保护行为，如减

① BAMBERG S, MÖSER G. Twenty years after Hines, Hungerford, and Tomera: a new meta-analysis of psycho-social determinants of pro-environmental behaviour [J]. *Journal of Environmental Psychology*, 2007, 27 (1): 20.

② DIAMANTOPOULOS A, SCHLEGELMILCH B B, SINKOVICS R R, et al. Can socio-demographics still play a role in profiling green consumers? A review of the evidence and an empirical investigation [J]. *Journal of Business Research*, 2003, 56 (6): 470.

③ CORDANO M, WELCOMER S, SCHERER R, et al. Understanding cultural differences in the antecedents of pro-environmental behavior: a comparative analysis of business students in the United States and Chile [J]. *The Journal of Environmental Education*, 2010, 41 (4): 230.

少农业面源污染、节约用水工程等。借鉴邓正华等学者的分类方法，[①]本书将农户环境行为分为生产性环境行为和生活性环境行为。生产性环境行为如循环农业项目、农业相关的环境项目等；生活性环境行为即农户由于消费产生的环境问题而进行的环境行为，如生活垃圾处理、改厕等行为。本书的研究内容为农户的生活垃圾处理行为，属于农户的生活性环境行为的范畴。

通过梳理相关文献可以看出，国外文献较少文献单独关注农户的生活性环境行为，原因在于欧美等国家城乡一体化程度高，城乡环境管理体制较为完善，城市和农村在环境管理、基础设施建设等方面存在较少差异，农户的环境行为并未呈现明显的滞后。并且，农民的生产活动以农业为主，研究生产性环境行为对于保护环境，促进农业可持续发展更有现实意义。

国外已有的农户环境行为多集中在生产性的环境行为方面，如参与农业相关的环境计划、农业延伸项目、采取更多环境性的良性办法等，都被普遍认为是亲环境行为。[②]已有文献表明，人口统计特征显著影响农户生产性的环境行为。如年龄显著影响农户的生产性环境行为，大部分文献认为年轻的比年长的农场主更倾向于参与项目或环境建设；[③]具有多年农业经验的农民参与新的环境项目的可能性更高；[④]教育能显著提升农户的生产性环境行为，根据计划行为理论，教育改变环境态度，进而改变环境行为，并

---

① 邓正华，张俊飚，许志祥，等. 农村生活环境整治中农户认知与行为响应研究——以洞庭湖湿地保护区水稻主产区为例［J］. 农业技术经济，2013(2)：72.

② JACKSON-SMITH D B，MCEVOY J P. Assessing the long-term impacts of water quality outreach and education efforts on agricultural landowners［J］. *The Journal of Agricultural Education and Extension*，2011，17（4）：341.

③ MURPHY G，HYNES S，MURPHY E，et al. Assessing the compatibility of farmland biodiversity and habitats to the specifications of agri-environmental schemes using a multinomial logit approach［J］. *Ecological Economics*，2011(71)：111.

④ SIEBERT R，BERGER G，LORENZ J，et al. Assessing german farmers' attitudes regarding nature conservation set-aside in regions dominated by arable farming［J］. *Journal for Nature Conservation*，2010，18（4）：327-337.

且教育与经验一起作为人力资本和文化资本，可提升农场管理效率；[①]性别因素显著影响农户的生产性环境行为，如女性参与到决策过程中，更有可能参与到生态保护等环境项目中。[②]除人口特征外，增加农业补贴也能够带来生产性环境行为的改变。[③]

四、农户生活垃圾处理的行为选择综述

（一）居民垃圾回收行为

20世纪70年代开始，欧洲、美国等国家居民垃圾产生量剧增，如美国每年约产生16亿吨固体垃圾。[④]与此同时，生活垃圾处理面临巨大的挑战，掩埋方式已趋近饱和，并且土地价值日益昂贵；焚烧处理方式会产生严重的二次污染；新的处理方式未开发出来。因此，各个国家开始鼓励居民回收利用已有的生活垃圾。在这种背景下，居民的垃圾回收行为主要是将可回收产品通过多种方式进行回收。[⑤]

生活垃圾回收有多种不同的形式，如路边回收、将生活垃圾带到回收中心及使用回收机器等。[⑥]国外学者对垃圾回收行为的研究始于20世纪70年代。该阶段的研究注重通过外部激励如货币奖励，其他积极的策略如彩券、优惠券及竞赛等手段，激发并持续居民的回收行为；而惩罚性的消极策略则被认为是对个人自由的威胁，因此成为促进负责任环境行为的次要

① JACKSON-SMITH D B, MCEVOY J P. Assessing the long-term impacts of water quality outreach and education efforts on agricultural landowners［J］. *The Journal of Agricultural Education and Extension*, 2011, 17（4）: 341-353.

② BOON T E, BROCH S W, MEILBY H. How financial compensation changes forest owners'willingness to set aside productive forest areas for nature conservation in Denmark［J］. *Scandinavian Journal of Forest Research*, 2010, 25（6）: 564-573.

③ BURTON R J F, WILSON G A. Injecting social psychology theory into conceptualisations of agricultural agency: towards a post-productivist farmer self-identity?［J］. *Journal of Rural Studies*, 2006, 22（1）: 95-115.

④ FORESTER W S. Solid waste: there's a lot more coming［J］. *Epa Journal*, 1988(14): 11.

⑤ VINING J, EBREO A. What makes a recycler? A comparison of recyclers and nonrecyclers［J］. *Environment and Behavior*, 1990, 22（1）: 56.

⑥ GAMBA R J, OSKAMP S. Factors influencing community residents' participation in commingled curbside recycling programs［J］. *Environment and Behavior*, 1994, 26（5）: 590.

选择。[1]尽管如此，随后的研究表明，如果激励仅是货币性质的、外部性的，那么回收行为就会随着货币激励的消失而消失。因此，外部激励实现的回收行为不可持续。

20世纪80年代，经济学家开始寻找参与回收行为的长期承诺和内在激励，如社会和心理学动机等。有学者认为控制感与环境行为显著相关；具有高的自我效能，尤其是帮助解决环境问题，与环境行为之间存在显著的正相关关系；自我满足感能够提高生活垃圾回收率。[2]

20世纪90年代开始，学者开始关注人口特征和社会经济因素对回收行为的影响。在人口特征中，受教育程度和回收行为之间存在积极正相关，较高的社会地位对回收行为有显著的正向影响等；[3]Gamba和Oskamp考察个人层面的影响因素，认为环境知识、环境态度、环境意识、环境动机和地理因素都能影响居民的垃圾回收行为。[4]在社会经济因素中，社会关系和回收设施的便利性显著影响居民的回收行为。在社会关系中，朋友和邻居参与回收项目能够影响居民的参与。[5]Berger针对加拿大43000名居民的实证分析表明，居住面积、房屋类型、教育和收入等社会经济因素都是决定能够使用回收设施的关键因素；回收设施的便利性可作为社会经济因素和回收行为之间的调节变量。[6]尽管如此，社会经济因素仅能解释回收行为的一小部分变量。

进入21世纪，对回收行为的研究呈现出两个特点：一是对回收物进

① GELLER E S. Applied behavior analysis and social marketing: an integration for environmental preservation [J]. *Journal of Social Issues*, 1989, 45 (1): 33.

② DE YOUNG R. Some psychological aspects of recycling the structure of conservation-satisfactions [J]. *Environment and Behavior*, 1986, 18 (4): 445.

③ SAHMDAHL D M, ROBERTSON R. Social determinants of environmental concern [J]. *Environment and Behavior*, 1989(21): 75.

④ ANDO A W, GOSSELIN A Y. Recycling in multifamily dwellings: does convenience matter [J]. *Economic Inquiry*, 2005, 43 (2): 434.

⑤ SAHMDAHL D M, ROBERTSON R. Social determinants of environmental concern [J]. *Environment and Behavior*, 1989(21): 75.

⑥ BERGER I E. The demographics of recycling and the structure of environmental behavior [J]. *Environment and Behavior*, 1997, 29 (4): 528.

行细化，如研究纸张、纸盒、玻璃和塑料等物品的回收；二是研究特定的社会经济因素对回收行为的影响。本书集中关注于农村居民的垃圾回收行为，因此，在区别亲环境行为影响因素的基础上，梳理垃圾回收的影响因素。

（二）居民垃圾回收行为的影响因素

社会情景因素显著影响居民的亲环境行为，具体到垃圾回收行为，居民家庭到回收设施的距离（意味着居民要花费额外的时间和精力），即公共设施的便利性则与居民的回收行为息息相关。居民的垃圾处理方式（回收行为）受回收设施的影响，如当地的回收设施较为缺乏时，居民生活垃圾的回收行为倾向显著降低。①已有研究表明，当居民家庭与回收设施之间的距离增加时，居民生活垃圾的回收率显著降低。②在此基础上，学者进一步将距离划分为主观距离和客观距离，如Lange等使用有限理性理论为基础，通过对布伦瑞克居民进行问卷调查研究居民家庭到回收设施距离对生活垃圾回收行为的影响，结论表明，相对于客观距离，居民的主观距离更能解释居民的环境行为。③

环境态度影响居民的回收行为，并且情景变量、个人特征等因素通过作用于环境态度，而改变居民的环境行为。④而环境态度的形成，则受限于环境知识，即环境知识的缺乏则造成居民环境意识差、消极的环境态度，而无法改善居民的环境行为。

① TONGLET M，PHILLIPS P S ，READ A D . Using the Theory of Planned Behaviour to investigate the determinants of recycling behaviour：a case study from Brixworth，UK［J］. *Resources*，*Conservation and Recycling*，2004，41（3）：191.

② ANDO A W，GOSSELIN A Y. Recycling in multifamily dwellings：does convenience matter［J］. *Economic* Inquiry，2005，43（2）：434.

③ LANGE F，BRÜCKNER C，KRÖGER B，et al. Wasting ways：perceived distance to the recycling facilities predicts pro-environmental behavior［J］. *Resources*，*Conservation and Recycling*，2014(92)：246.

④ TONGLET M，PHILLIPS P S，READ A D. Using the Theory of Planned Behaviour to investigate the determinants of recycling behaviour：a case study from Brixworth，UK［J］. *Resources*，*Conservation and Recycling*，2004，41（3）：191.

（三）居民垃圾收集行为

研究居民垃圾收集行为的文献主要集中于发展中国家，如中国、马来西亚、印度、尼泊尔等国家的城市地区，鲜有文献关注发展中国家农村垃圾的收集及处理行为，因此，本书的文献综述集中在居民垃圾收集行为及影响因素方面，为研究农村居民垃圾收集行为提供参考借鉴。

总体来看，在垃圾管理领域，社会方面原因的重要性总是要小于环境或经济方面的原因。在社会因素中，缺乏垃圾回收的信息和知识，居民的生活垃圾收集行为显著降低。[①]对环境问题不感兴趣、家里缺乏空间、没有时间对垃圾进行分类收集等因素也会影响到居民生活垃圾的收集行为。[②]垃圾收集基础设施的便利性显著影响居民生活垃圾的收集行为，垃圾容器供给不充足或距离居民家庭路途较远，增加了居民生活垃圾随处乱扔的可能性；财政经费不充足或缺乏相应的法律法规，都会限制生活垃圾的安全处理。[③]

人口统计特征方面包括年龄、收入水平、受教育程度、性别及参与其他垃圾收集系统等。如受教育程度高的居民，能够意识到垃圾收集的重要性，对垃圾回收的相关知识和运营更为了解，则更愿意参与到垃圾收集行为中；[④]较高的年龄、收入水平的居民更愿意参与到垃圾收集行为中，而女性比男性更多地参与了垃圾收集行为。[⑤]

另一个重要的经济因素是新的垃圾收集项目的成本，当政府实施新的垃

---

① DE FEO G, DE GISI S, WILLIAMS I D. Public perception of odour and environmental pollution attributed to MSW treatment and disposal facilities: a case study [J]. *Waste Management*, 2013, 33 (4): 980.

② MIAFODZYEVA S, BRANDT N. Recycling behaviour among householders: synthesizing determinants via a meta-analysis [J]. *Waste and biomass valorization*, 2013, 4 (2): 221.

③ TADESSE T, RUIJS A, HAGOS F. Household waste disposal in Mekelle city, Northern Ethiopia [J]. *Waste Management*, 2008, 28 (10): 2003.

④ JUNQUERA B, DEL BRÍO J Á, MUÑIZ M. Citizens' attitude to reuse of municipal solid waste: a practical application [J]. *Resources, Conservation and Recycling*, 2001, 33 (1): 51.

⑤ REFSGAARD K, MAGNUSSEN K. Household behaviour and attitudes with respect to recycling food waste - experiences from focus groups [J]. *Journal of Environmental Management*, 2009, 90 (2): 760.

圾收集系统时，势必会增加新的成本，由此带来居民相应税收或服务费用的增加；增加新的费用，必须给居民解释清楚，即经济支出的增加正好等于新的环境项目带来的益处，因此了解居民的支付意愿显得尤为重要。常用的方法为条件价值评估法（CVM），通过对潜在使用者的调查，用于估计市场上还未出现的公共产品的价值；[①]CVM方法已被应用于垃圾管理领域。

从宏观层面研究居民垃圾收集服务的供给主要是指居民垃圾收集服务的供给服务，目前主要有3种供给途径：①纯私人部门供给，家庭基于偏好与私人部门达成协议，使用私人部门提供的生活垃圾收集服务；②纯公共部门供给，家庭使用政府拥有并提供的垃圾收集服务；③公共—私人部门共同提供的垃圾收集服务。Jacobsen等研究比利时弗兰德地区的公共部门和私人部门提供居民生活垃圾的收集成本，结论表明在收集居民生活方面，私人成本低于公共部门成本。[②]

五、国内农户生活垃圾处理的行为选择研究综述

农户生活垃圾处理行为属于亲环境行为范畴，我国学者对亲环境行为的研究起源于21世纪初期，一般引用西方学者成熟的理论模型，用于研究中国居民环境行为及企业相关环境行为，如引用计划行为理论研究城市居民的环境行为等。

在农户生活垃圾处理的行为选择中，农户一般将生活垃圾未加处理随意丢弃，这一比例甚至高达90%；[③]即使在提供了生活垃圾定点收集设施之后，农户也仍将生活垃圾堆积在路边、田头或倾入河道，王金霞等的研究结论显示，仅有30%的居民将垃圾投放到村里提供的垃圾处理设施中；

① A. 迈里克·弗里曼. 环境与资源价值评估——理论与方法［M］. 曾贤刚，译. 北京：中国人民大学出版社，2002：27-29.

② JACOBSEN R，BUYSSE J，GELLYNCK X. Cost comparison between private and public collection of residual household waste：Multiple case studies in the Flemish region of Belgium［J］. *Waste Management*，2013，33（1）：8.

③ 陈诗波，王亚静，樊丹. 基于农户视角的乡村清洁工程建设实践分析——来自湖北省的微观实证［J］. 中国农村经济，2009（4）：64.

在提供了分类垃圾桶的村中，仅有1%的农户将垃圾投放到了分类垃圾桶中。[①]由此可见，目前我国农村居民生活垃圾收集行为尚未形成。垃圾收集行为是生产者和管理者的纽带，同时，环境行为研究中将垃圾收集行为视为最初级的亲环境行为，是进行其他亲环境行为的开端。因此，研究农村居民生活垃圾处理的行为选择及其影响因素，对于改善农户环保行为、提高农村环境质量具有深刻意义。

农户处理生活垃圾时，选择随意丢弃而非集中收集。一方面是由于生活垃圾处理服务供给不足。我国基础设施建设财政投入以大城市为主，忽视了农村生态建设。《2013中国环境状况公报》首次披露行政村对生活垃圾处理的比例为35.9%；2014年，这一比例上升至47.0%。但现有生活垃圾处理服务供给依然无法满足农户生活垃圾处理的需求。另一方面由于农户环保意识不足，表现为环境知识欠缺，环境意识薄弱，如农户生活垃圾处理受传统生活习惯影响大，对自己的行为是否会造成环境污染的认识不清晰。农户环境意识低下，阻碍了亲环境行为的发生；同时，农户的环保行为欠缺，意味着其环境行为具有较大的改善空间。

在个人和家庭特征中，受教育程度与农户生活垃圾处理行为之间存在正相关关系，原因在于受教育程度提高可提高公众自身环境意识。[②]居民收入可分为家庭收入水平和非农收入比重，家庭收入水平可显著改善农户生活垃圾的处理行为；[③]非农收入与农户生活垃圾之间的关系并不统一，姜太碧、袁惊柱认为两者之间存在显著正相关关系；而刘莹、黄季焜则认为两者之间存在负相关关系。[④]性别对农户生活垃圾处理行为有显著影响，即女

① 王金霞，李玉敏，黄开兴，等.农村生活固体垃圾的处理现状及影响因素［J］.中国人口·资源与环境，2011，21（6）：74.

② 蒋琳莉，张俊飚，何可，等.农业生产性废弃物资源处理方式及其影响因素分析［J］.资源科学，2014，36（9）：1925.

③ 张旭吟，王瑞梅，吴天真.农户固体废弃物随意排放行为的影响因素分析［J］.农村经济，2014(10)：95.

④ 姜太碧，袁惊柱.城乡统筹发展中农户生活污物处理行为影响因素分析——基于“成都试验区”农户行为的实证［J］.生态经济，2013（4）：35.

性比男性有更为积极的生活垃圾收集行为。[①]

环境认知和环境意识对农户生活垃圾处理行为有显著影响，即农户环保意识差、环境认知低，则倾向于将生活垃圾随意丢弃；环保意识强、环境认知高，则倾向于将生活垃圾集中收集处理。[②]家庭人口规模对农户生活垃圾处理行为有显著影响，但结论并不统一，如闵继胜和刘玲等认为，家庭总人口与农户参与环境治理的意愿之间存在正相关关系；[③]而赵俊骅、龙飞则认为家庭人口数量与农户垃圾定点堆放之间存在显著的负相关关系。[④]

户主务农年限与农户生活垃圾处理行为之间存在显著的负相关关系，可能的原因为受传统的农业作业方式影响，以及年龄大，环境意识低下所致；[⑤]户主健康状况与农户垃圾定点堆放之间存在显著的负相关关系。[⑥]家庭种植面积能够提高有机垃圾的回收率，降低生活垃圾随意丢弃的比例；家庭住宅价值与农户生活垃圾定点堆放之间存在显著的正相关关系。[⑦]

在社会情景因素中，农户居住方式分散居住还是集中居住，成为影响居民生活垃圾处理行为的重要影响因素。我国农村居民以分散居住为主，乡村规划中缺乏对生活垃圾处理设施的建设考虑，随着新农村建设推进，部分地区出现农户集中居住，对比集中居住和分散居住，学者认为集中居住农户在生活垃圾处理方面更为便利，有助于农户生活垃圾处理行为发生

---

① 邓正华，张俊飚，许志祥，等. 农村生活环境整治中农户认知与行为响应研究——以洞庭湖湿地保护区水稻主产区为例［J］. 农业技术经济，2013（2）：72.

② 姜太碧，袁惊柱. 城乡统筹发展中农户生活污物处理行为影响因素分析——基于“成都试验区”农户行为的实证［J］. 生态经济，2013（4）：35.

③ 闵继胜，刘玲. 机会成本，政府行为与农户农村生活污染治理意愿——基于安徽省的实地调查［J］. 山西农业大学学报：社会科学版，2015，14（12）：1189.

④ 赵俊骅，龙飞. 浙江省集体林区农户垃圾定点堆放行为及影响因素［J］. 林业经济问题，2015，35（5）：424.

⑤ 蒋琳莉，张俊飚，何可，等. 农业生产性废弃物资源处理方式及其影响因素分析［J］. 资源科学，2014，36（9）：1925.

⑥ 赵俊骅，龙飞. 浙江省集体林区农户垃圾定点堆放行为及影响因素［J］. 林业经济问题，2015，35（5）：424.

⑦ 同上。

变化，更有利于生态建设。①

生活垃圾基础设施建设包括当地是否建有生活垃圾收集设施或固定收集点，以及垃圾收集点距离农户家庭的距离，两者对农户垃圾处理行为有显著影响。生活垃圾收集设施或建设固定收集点，能够引导农户生活垃圾妥善处置；而环境基础设施的缺乏则造成生活垃圾污染的外部性。②垃圾收集点到农户家庭的距离代表了便利性，与垃圾收集行为之间存在负相关关系，即距离越近，居民的垃圾收集行为越积极；③但赵俊骅、龙飞的研究结论表明，堆放点距离与农户垃圾定点堆放之间存在显著的正相关关系，可能的原因包括离堆放点距离近的住户能够更好地利用高频率的清洁服务，而不用特意去指定收集点投放垃圾，也与作者所选择的研究区域有关。④

城镇化水平与农户的垃圾行为之间存在显著的正相关关系，城镇化带来当地经济发展水平提高，当地人均收入水平或当地非农劳动力所占比重衡量。⑤交通便利程度更倾向于将垃圾集中处理而非随意丢弃，因为交通便利程度代表着便利性以及时间、精力节约；⑥同时，交通便利能够带来信息通畅，有研究表明信息闭塞导致居民参与农村清洁工程的积极性下降。⑦

除上述影响因素外，有关环境培训还能够提升居民的生活垃圾处理行为；⑧政府出台相关政策，加强对农户的激励和监督，有助于改善其生活垃

① 陈会广，李浩华，张耀宇，等. 土地整治中农民居住方式变化的生态环境行为效应分析[J]. 资源科学，2013，35（10）：2067.

② 李浩华. 集中居住区与分散居住区农户环境行为的对比分析——以南京市为例[J]. 湖南农业科学，2013（6）：113.

③ 刘莹，王凤. 农户生活垃圾处置方式的实证分析[J]. 中国农村经济，2012（3）：88.

④ 赵俊骅，龙飞. 浙江省集体林区农户垃圾定点堆放行为及影响因素[J]. 林业经济问题，2015，35（5）：427.

⑤ 何品晶，张春燕，杨娜，等. 我国村镇生活垃圾处理现状与技术路线探讨[J]. 农业环境科学学报，2010，29（11）：2049.

⑥ 孙宏伟，李定龙，杨彦，等. 镇江市村镇生活垃圾产生特征及影响因素研究[J]. 常州大学学报：自然科学版，2012，24（1）：60.

⑦ 李崇光，陈诗波. 乡村清洁工程：农户认知、行为及影响因素分析——基于湖北省的实证研究[J]. 农业经济问题，2009（4）：24.

⑧ 蒋琳莉，张俊飚，何可，等. 农业生产性废弃物资源处理方式及其影响因素分析[J]. 资源科学，2014，36（9）：1925.

圾处理行为；[①]社会关系中的他人影响，以同邻里建立和谐的关系，有助于改善农户的生活垃圾处理行为。[②]

第三节　农户生活垃圾处理的支付意愿研究综述

一、支付意愿综述

农户生活垃圾处理服务属于环境服务范畴，环境服务是公共产品，消费时具有非排他性和非竞争性，环境服务的这种公共产品特性可能会导致市场失灵。[③]基于公共产品思路，Mitchell和Carson对环境服务价值评估方法进行了分类。分类有两个维度，一个维度是基于对现实世界人们行为的观察还是人们对于假定问题的回答；另一个维度是直接获得货币价值还是间接获得货币价值。[④]按照Mitchell和Carson的分类，所有的环境服务价值评估方法都可以归为4个类型：直接观察、间接观察、直接假定和间接假定（见表1–1）。

表1–1　环境服务价值评估方法

	观察行为	假定
直接	竞争性市场价格	投标博弈
	模拟市场	条件价值评估法
间接	旅行费用	权变排列
	内涵资产价值	权变活动
	防护支出	权变投票

资料来源：根据原文内容整理所得。

① 邓正华，张俊飚，许志祥，等. 农村生活环境整治中农户认知与行为响应研究——以洞庭湖湿地保护区水稻主产区为例［J］. 农业技术经济，2013（2）：78.

② 张旭吟，王瑞梅，吴天真. 农户固体废弃物随意排放行为的影响因素分析［J］. 农村经济，2014（10）：97.

③ A. 迈里克·弗里曼. 环境与资源价值评估——理论与方法［M］. 曾贤刚，译. 北京：中国人民大学出版社，2002：27–29.

④ 同上。

作为直接假定类型的条件价值评估法被视为环境服务或产品评估最合适的研究方法，得到了广泛应用。条件价值评估法是指通过条件假设，从个人处直接得出为环境质量改变所愿意支付的价钱或者愿意接受的补偿。对于环境服务产品的货币衡量一般基于个人对于环境产品的价值衡量；绝大多数情况下，为获得某种收益或避免损失，个人愿意支付的最大货币量就是个人的支付意愿（Willingness to Pay，WTP），可视为个人偏好的表达。[①]与支付意愿相对应的一个概念为接受意愿（Willingness to Accept，WTA），指一定量的货币用于补偿取缔某种收益或补偿某种损失，反映了收益或损失的价值。

条件估计法有多种设问形式，如开放式法、投标博弈法、二分选择法和支付卡片法。开放式法通常被认为具有策略性反应偏差；增加WTP的设问数量被视为一种有效的方式减少WTP误差，如重复投标博弈法，假定y为初始价格，随后给出$2y$、$3y$等标价，以此不断增加标价，提高WTP估计的准确性。[②]二分选择法可分为单阶二分选择法、双阶二分选择法和半双阶二分选择法等；单阶二元选择法经常因其WTP估计的不严密而广受批评；与单阶二元选择法相比，双阶二元选择法增加标的数量同时减少WTP的价值，目的在于提高WTP估计的准确性，但依然受到“起点偏差”等批评。[③]

为避免起点偏差，卡片支付法被众多学者视为一种灵活的设问形式。[④]

---

① HUHTALA A. How much do money, inconvenience and pollution matter? Analysing households demand for large-scale recycling and incineration［J］. *Environmental Management*, 1999, 55（1）: 35.

② HANEMANN M, LOOMIS J, KANNINEN B. Statistical efficiency of double-bounded dichotomous choice contingent valuation［J］. *American Journal of Agricultural Economics*, 1991, 73（4）: 1258.

③ VERONESI M, ALBERINI A, COOPER J C. Implications of bid design and willingness-to-pay distribution for starting point bias in double-bounded dichotomous choice contingent valuation surveys［J］. *Environmental and Resource Economics*, 2011, 49（2）: 200.

④ ALBERINI A, BOYLE K, WELSH M. Analysis of contingent valuation data with multiple bids and response options allowing respondents to express uncertainty［J］. *Journal of Environmental Economics and Management*, 2003, 45（1）: 54.

其具体做法是，首先向被调查者出示一张卡片，卡片上列出了可供选择的支付价值范围，然后请被调查者从中选择一个数字，或者被调查者在卡片上未发现相应的数据，请他们描述自己的价值。卡片支付发放确实减少了个人回答的变动，但也引进了其他形式的偏差。

在以上设问形式上，Welsh和Bishop提出了多个有限离散选择法（MBDC），与传统的单阶二元选择法相比，MBDC具有两个明显的优势。①一是MBDC形式允许每个受访者重复投票；二是MBDC形式提供了多分支的选择，从"肯定会""可能会"到"不确定""可能不""绝不"，所以每个受访者都可以更加准确地表达其真实意图。该方法在评估环境服务质量方面得到了广泛的应用。②

二、农户生活垃圾处理的支付意愿综述

国外文献针对农户生活垃圾处理的支付意愿研究集中在发展中国家，文献都出现在2000年之后。农户生活垃圾处理支付意愿的影响因素主要包括年龄、性别、收入水平、受教育程度、环境态度和意识等因素。

年龄与农户生活垃圾处理的支付意愿之间存在显著的负相关关系，即相对于年轻人，老年人的支付意愿更低。原因包括：老年人存活时间短，而不愿意支付公共服务或产品；Bluffstone和Deshaze针对立陶宛的研究认为老年人支付意愿低是时代背景的结果，即老年人是社会主义时代的幸存者，对社会公共服务或产品供给的预期较低，因而支付意愿低。③性别对农

① WELSH M P, BISHOP R C. Multiple bounded discrete choice models［J］. *Benefits & costs transfer in natural resource planning*, Western Regional Research Publication, W-133, Sixth Interim Report, Department of Agricultural and Applied Economics, University of Georgia, 1993: 331.

② WANG H, HE J, KIM Y, et al. Willingness-to-pay for water quality improvements in Chinese rivers: an empirical test on the ordering effects of multiple-bounded discrete choices［J］. *Journal of Environmental Management*, 2013(131): 256-269.

③ BLUFFSTONE R, DESHAZO J R. Upgrading municipal environmental services to European Union levels: a case study of household willingness to pay in Lithuania［J］. *Environment & Development Economics*, 2003, 8（4）: 637.

户生活垃圾处理的支付意愿有显著影响，[①]相较于男性，女性有更高的支付意愿，与女性关注生存环境、有更为积极的环境行为的研究结论相一致。但同时，Banga等在乌干达的研究结论表明，男性和女性在支付意愿方面无差异。收入水平与农户生活垃圾处理的支付意愿之间存在显著的正相关关系，收入水平越高，农户的支付意愿越高。[②]

受教育程度与农户生活垃圾处理的支付意愿之间存在显著的相关关系，但作用方向结论不一致。Banga等使用乌干达381个研究样本的结论表明，受教育程度与支付意愿之间存在显著的正相关关系，受教育程度高的居民更愿意阅读报纸、期刊杂志等，并通过阅读提高了相关环境知识，因而提高了支付意愿。[③]而Bartelings和Sterner针对瑞典的600个研究样本结论表明，受教育程度与支付意愿之间存在显著的负相关关系，但并未就该结论给出相应的解释。[④]

环境态度、环境意识与农户生活垃圾处理的支付意愿之间存在显著的正相关关系。一般的研究结论认为，受教育程度能够提高农户的环境意识和环境态度，原因是受教育程度高的居民了解更多的环境知识，具有更高的环境意识，因而对环境服务或产品具有更高的支付意愿。并且，对环境质量的预期与支付意愿之间存在显著的正相关关系，即居民如果认为环境质量未来的预期更好，则支付意愿越高。[⑤]

① ICHOKU H E, FONTA W M, KEDIR A. Measuring individuals’ valuation distributions using a stochastic payment card approach: application to solid waste management in Nigeria [J]. *Environment Development &Sustainability*, 2009, 11 (3): 509.

② FONTA W M, ICHOKU H E, OGUJIUBA K K, et al. Using a contingent valuation approach for improved solid waste management facility: evidence from Enugu State, Nigeria [J]. *Journal of African Economies*, 2008, 17 (2): 277.

③ 同上。

④ BARTELINGS H, STERNER T. Household waste management in a Swedish municipality: determinants of waste disposal, recycling and composting [J]. *Environmental & Resource Economics*, 1999, 13 (4): 473.

⑤ FONTA W M, ICHOKU H E, OGUJIUBA K K, et al. Using a contingent valuation approach for improved solid waste management facility: evidence from Enugu State, Nigeria [J]. *Journal of African Economies*, 2008, 17 (2): 277.

家庭规模、家庭居住面积、房屋类型（是否租住）等因素显著影响到农户生活垃圾处理的支付意愿。具体来看，家庭规模与支付意愿之间存在显的负相关关系，家庭人口越多，支付意愿越低；居住面积与支付意愿之间存在显著的正相关关系；房屋类型中，自有房屋相对于租房而言，居民更倾向于为生活垃圾处理付费。

除上述影响因素外，Amfo-Out通过对加纳60户居民的调查研究，认为垃圾的收集频率和职业对支付意愿有显著影响。垃圾的收集频率可以视为居民日常的亲环境行为，亲环境行为与支付意愿之间一致；职业是指受访者的工作，如果受访者参加工作，就有足够的经济收入用于支付垃圾收集的费用。[①]Sterner和Bartelings认为合理的基础设施建设能够提升居民的支付意愿，合理的基础设施建设代表着便利性，也是影响居民亲环境行为的重要因素。[②]

已有文献的设问形式多使用二分选择法、开放式法及卡片支付法。二分选择法因其设问形式简单、能够避免起点偏差等原因而受到众多学者的青睐。通过对居民生活垃圾处理的支付意愿的估计和测算，能够得到各个国家居民的支付意愿值，但由于文献关注于不同的年份及不同的国家，各个国家间货币的换算较为困难，因此，本书列出居民支付意愿占总收入的比重。

发展中国家农村居民生活垃圾处理的支付意愿占家庭总收入的比重在0.1%～3%之间。如Othman针对马来西亚居民的垃圾处理服务所测算的支付意愿占总收入的比重为0.6%～0.9%；[③] Bluffstone和Deshazo针对立

① AMFO-OUT R, WAIFE E D, KWAKWA P A, et al. Willingness to pay for solid waste collection in semi-rural Ghana: a logit estimation [J]. *International Journal of Multidisciplinary Research*, 2012, 2 (7): 48.

② BARTELINGS H, STERNER T. Household waste management in a Swedish municipality: determinants of waste disposal, recycling and composting [J]. *Environmental & Resource Economics*, 1999, 13 (4): 473.

③ OTHMAN J. Household preferences for solid waste management in Malaysia [R]. Eepsea Research Report, 2003: 45.

陶宛居民的垃圾处理服务所测算的支付意愿占总收入比重的0.1%；[①]Lal和Tokau针对汤加居民的垃圾管理服务所测算的支付意愿占总收入比重范围为1.6%～3.1%。[②]

农户生活垃圾处理的支付意愿表明了垃圾管理的收益。相对于垃圾处理和垃圾管理成本，居民的支付意愿较低，如Bluffstone和Deshazo的研究结论表明，立陶宛按照欧盟标准升级现有生活垃圾处理设施时，居民的支付意愿仅能涵盖该项目成本的80% ～90%[③]；Naz针对菲律宾固体垃圾管理的研究结论表明，居民总支付意愿仅占总成本的22%～35%[④]。

三、国内农户生活垃圾处理的支付意愿研究综述

针对中国环境服务或产品的研究表明，使用意愿调查价值评估法，能够获得公众对于改善环境质量支付意愿的合理结果。如Wang等使用多边界离散选择（MBDC）方法衡量云南普者黑河水质量提高的价值，研究结论表明，丘北县居民愿意每月支付30元并连续支付5年用于改善普者黑河水质，WTP占家庭收入的3%，支付意愿对家庭收入的弹性是0.21；同时，有关水质改变的环境知识显著影响居民的支付意愿。[⑤]同样使用该方法，Wang等对云南省华坪县境内2条河流水质提高（从Ⅳ级提高到Ⅲ级）当地居民的支付意愿，结果表明华坪县居民愿意每月支付70元并连续支付5年

---

① BLUFFSTONE R, DESHAZO J R. Upgrading municipal environmental services to European Union levels: a case study of household willingness to pay in Lithuania [J]. *Environment & Development Economics*, 2003, 8 (4): 650.

② LAL P, TAKA'U L. Economic costs of waste in Tonga [R]. A report prepared for the IWP-Tonga, SPREP and the Pacific Islands Forum Secretariat, Apia, Samoa, 2006: 22.

③ BLUFFSTONE R, DESHAZO J R. Upgrading municipal environmental services to European Union levels: a case study of household willingness to pay in Lithuania [J]. *Environment & Development Economics*, 2003, 8 (4): 637.

④ NAZ A C C, NAZ M T N. Modeling choices for ecological solid waste management in suburban municipalities: user fees in Tuba, Philippines [R]. Economy and Environment Program for Southeast Asia (EEPSEA), 2006: 22.

⑤ WANG H, HE J, KIM Y, et al. Willingness-to-pay for water quality improvements in Chinese rivers: an empirical test on the ordering effects of multiple-bounded discrete choices [J]. *Journal of Environmental Management*, 2013(131): 262.

用于改善境内河流水质，WTP占家庭收入的5%。①使用意愿调查价值评估法能够估算出环境质量提高的价值，同时能够估算出环境治理的成本，为政府提高环境质量提供政策依据。

鉴于中文文献中针对“农村居民生活垃圾处理的支付意愿”研究文献较为少见，近年来的研究成果见表1-2。（个人或家庭的）收入水平显著影响农户的支付意愿，且两者之间存在显著的正相关关系，即收入水平越高，受访者所报告的支付意愿水平越高。②受教育程度显著影响农村居民的支付意愿，但学者对于两者关系的实证结果并不统一，大部分学者认为两者之间存在正相关关系，即受教育程度越高，拥有越多的环境知识和较高的环境意愿，从而愿意为改善环境支付更多；③而王妹娟和薛建宏的研究结果认为两者之间存在负向相关关系，对于这种结论的解释是，受教育程度越高，农户越倾向于将环境服务支出视为公共支出而非个人支出。④环境知识与农户的支付意愿之间存在显著相关关系，对相关环境知识了解越多，越倾向于支付更多的货币用于生活垃圾处理服务或设施的建设。⑤环境态度表明农村居民对于环境问题的重视程度，与支付意愿之间存在显著的正相关关系。⑥家庭规模与支付意愿之间存在显著的负相关关系，家庭规模大，生活成本高，由此对生活垃圾处理的支付意愿低。⑦除上述人口统计特征外，性别、年龄等基本人口特征显著影响居民生活垃圾处理的支付意愿，

① WANG H，SHI Y，KIM Y，et al. Valuing water quality improvement in China：a case study of Lake Puzhehei in Yunnan Province［J］. *Ecological Economics*，2013（94）：56.

② 苗艳青，杨振波，周和宇. 农村居民环境卫生改善支付意愿及影响因素研究——以改厕为例［J］. 管理世界，2012（9）：94.

③ 林刚，姜志德. 农户对生活垃圾集中处理的支付意愿研究——基于白水县的农户调研数据［J］. 生态经济：学术版，2010（1）：355.

④ 王妹娟，薛建宏. 农村居民固体废弃物治理服务支付意愿研究——以河北省魏县为例［J］. 世界农业，2014（7）：184.

⑤ 聂鑫，缪文慧，肖婷，等. 西部地区农户环境保护支付意愿及其影响因素研究——以广西CX市为例［J］. 生态经济，2015，31（6）：155.

⑥ 苗艳青，杨振波，周和宇. 农村居民环境卫生改善支付意愿及影响因素研究——以改厕为例［J］. 管理世界，2012（9）：90.

⑦ 邹彦，姜志德. 农户生活垃圾集中处理支付意愿的影响因素分析——以河南省淅川县为例［J］. 西北农林科技大学学报：社会科学版，2010，10（4）：27.

相对于男性，女性的支付意愿更高；年龄与农村居民的支付意愿关系的结论并不统一。

根据已有文献的测算，我国农村居民生活垃圾支付意愿为每年10～100元，占农户家庭收入的比例在0.1%～1%。根据条件估值法的定义，农户生活垃圾处理服务支付意愿反映了农户认为生活垃圾处理服务的价值；也反映了建设农村居民生活垃圾处理服务（设施、人工）的成本。相对于生活固体垃圾处理服务的成本而言，农民的支付意愿较低，苗艳青等研究农户环境卫生改善支付意愿，认为相对于改厕成本，农户的支付意愿较低，面临较大的资金缺口。[①]农户对于生活垃圾处理服务支付的低意愿，也说明当地政府对于农村环境服务设施建设的重视程度不足，与之前国外学者的研究结论一致。

表 1–2 农户生活垃圾处理的支付意愿相关文献

作者	样本	年份	设问形式	主要结论
苗艳青，等	730	2010	双边界二分法	健康知识、态度、行为、收入水平对改厕行为影响显著；支付意愿占总收入3.23%～22.08%，相对于改厕成本，农村居民改厕的支付意愿较低，面临较大的资金缺口
林刚，姜志德	234	2010	二分选择法	农户对生活垃圾集中服务的支付意愿为10元/年，收入水平、受教育程度、对本村生活环境满意度与支付意愿显著正相关
邹彦，姜志德	141	2010	二分选择法	支付意愿为每户每月6.38元；受教育程度、收入水平、家庭目前在学人数等对农村居民的支付意愿有显著的正影响；户主健康状况、家庭人口数量对支付意愿有负的显著影响
邓俊森	585	2012	开放式	支付意愿为10.57元；性别、受教育程度、环境认知、农户的政治身份（家庭是否有成员在村里任职）与支付意愿之间具有显著的正相关关系；收入水平与支付意愿之间存在显著的负相关关系

① 苗艳青，杨振波，周和宇. 农村居民环境卫生改善支付意愿及影响因素研究——以改厕为例［J］. 管理世界，2012（9）：89.

续表

作者	样本	年份	设问形式	主要结论
吴建	312	2012	多界二分选择调查法	无支付意愿测算值；户主年龄与支付意愿之间存在显著负相关关系；户主外出务工、年家庭纯收入、农户经营活动类型、环境认知、日常垃圾处理行为与支付意愿之间存在显著正相关关系
Wang，等	223	2013	多边界离散选择法	农村居民对于提高生活垃圾收集、处理服务的每月每户支付意愿为17.1元，占居民收入的1%；居民收入、环境意识、环境态度等与WTP显著正相关，而家庭规模对WTP有显著负向作用
王妹娟，薛建宏	196	2014	封闭式二分选择法	支付意愿集中在5～10元；性别、年龄、收入水平、家庭收入对农村居民的支付意愿有显著正向作用；受教育程度、家庭人口数量对农村居民的支付意愿有显著负向作用
梁增芳，等	632	2014	卡片支付法	农户对农村生活垃圾处理的平均支付意愿为48元/年；年龄、受教育程度、对环境的关心程度与支付意愿之间存在显著的正相关关系
聂鑫，等	441	2015	开放式	农户年支付意愿为36.144元，占农户年平均收入的0.21%；性别、受教育程度、相关环境知识及支付保洁人员清洁费用等变量与支付意愿之间存在显著的正相关关系

第四节　对已有文献的评述

从已有文献来看，国外学者对居民亲环境行为、支付意愿的研究开始时间早，目前已形成规范的理论基础和分析框架，并且在实证方法上更加创新。具体来看，国外学者对亲环境行为、居民环境行为、农村居民生活垃圾处理行为开始于20世纪70年代，并且一直延续至今。在理论研究方面，形成了一些研究居民环境行为的经典理论，如计划行为理论、价值信念理论等，并且随着研究深入，理论开始更加深化，一方面针对某一单一因素的研究不断深入，另一方面，将环境经济学、社会心理学等交叉进行研究，多视角全方位展现居民环境行为、支付意愿的成因和特征，在理论方面实现了创新。在实证方面，国外学者使用多种分析方法，从简单的描述性统计、回归分析到潜在类别模型等新的实证研究方法不断涌现。

国内学者的研究在吸收国外最新研究成果的基础上，结合我国经济发展转型期的固有特点，在理论研究、实证分析方面对居民亲环境行为、居民支付意愿研究进行了探索。尽管国内相关研究开始时间较晚，且文献的研究数量较少，但依然取得了很多成果。理论研究方面，结合中国农村居民居住及生活的特点，已有学者从居住方式、基础设施便利性等角度对我国农村居民的垃圾处理行为特点及成因进行了探索，这是国外研究中较为少见的。在实证方面，由于缺乏农村生活垃圾的宏观数据，已有研究多以样本调查的微观数据为基础，研究了我国农村居民在生活垃圾处理行为方面的特征、影响因素及支付意愿等，但受限于样本量，部分研究结果的代表性并不是很强。

尽管取得了很多成果，国内研究在农户生活垃圾处理的行为选择、支付意愿方面的研究特征仍然表现为起步晚、研究范围窄、研究深度不够。21世纪以来，尽管涌现出很多关于农户环境行为、支付意愿的研究文献，但多数仍然是一般性研究，存在很多问题。在理论方面缺少对农户参与生活性环境行为的动机、行为机理、模式等内在问题的探讨，也缺乏对支付意愿的深度探讨，如支付意愿的需求分析、成本—效益分析等。在实证方面，尤其是定量分析和案例分析的深度和广度还不够，如农户亲环境行为的社会绩效等评价机制。当然这一方面受限于环保统计数据，另一方面是我国落后的农村环境管理体制所致。

进一步深入研究的方向，在理论上，应该结合农村传统文化、中国城乡二元结构及经济转型期等宏观背景，研究农户参与亲环境行为动机、特征和模式以及与城市居民环境行为的差别。在实证方面，一方面可以持续完善相关统计数据；另一方面可以进行时间序列的比较分析，采用统计学、计量经济学的实证分析方面进行描述性统计、相关性分析及多种计量方法的应用。在研究方法上，应该结合我国农村经济、社会发展的实际，将社会心理学、行为经济学、生态学、地理科学等多学科融入农户亲环境行为和支付意愿的研究中，采用更为广阔的视角分析农户的环保行为。

本书采用2012年中国科学院在吉林、河北、陕西、江苏和四川等5省进行的“农村环境建设公共投资的供给机制与投资效率研究”项目调研中101个村2028户农户的微观数据，借鉴国外成熟的理论研究和实证研究的成果，对国内相关研究的不足进行深入思考，以农户环保行为特征为出发点，构建农户生活垃圾处理的行为选择和支付意愿的整体模型，并解释农户行为选择和支付意愿的内在作用机理和外在环境的影响，试图全面呈现目前农户生活垃圾处理的行为选择和支付意愿的特征与成因。并在此基础上提出农村生活垃圾管理改善的政策建议。

第二章　理论模型构建

第一节　内外维度模型构建

一、农户参与生活垃圾治理的理论基础

（一）环境库兹涅茨曲线

环境库兹涅茨曲线（Environmental Kuznets Curve，ECK）用于描述经济发展过程中生态环境的演化规律，该理论认为环境污染和经济发展之间呈现“倒U”型曲线关系；即在经济发展的早期环境质量不断恶化，随着经济不断增长，出现了环境质量的拐点，拐点之后环境质量随着经济增长开始改善。首次提出该观点的是Grossman 和Krueger，作者使用42个国家的城市污染数据检验空气质量和经济发展之间的关系。结论显示空气质量指标二氧化硫和烟的含量，在人均GDP较低时是上升的；而在人均GDP水平较高时是下降的；其转折点发生在人均收入水平在4000～5000美元（以1985年美元水平）之间的时候。[①]但Grossman 和Krueger并未提出“环境库兹涅茨曲线”这个概念，直到1993年 Panayotou才首次提出。Panayotou使用数据实证检验了EKC曲线的存在；并指出在人均收入处于800～1200美元、3800～5500美元之间时，是森林退化、污染排放等环境质量指标的转

① GROSSMAN G M，KRUEGER A B. Environmental impacts of a North American free trade agreement［J］. *Social Science Electronic Publishing*，1991，8（2）：246.

折点；他还指出“伴随经济增长环境变化是一个不可避免的过程”[①]。该结论引起了各国学者的兴趣，随后诸多学者使用各国家、区域数据对EKC曲线进行实证检验，验证EKC曲线的存在。

在生活垃圾排放方面的EKC曲线研究较少。杨凯等使用上海1978—2000年人均GDP与城市废弃物增长数据拟合环境库兹涅茨曲线，结论显示，两者之间存在较为明显的环境库兹涅茨二元曲线特征，其拐点出现在33441元处。[②]Song等使用中国1985—2005年省际面板数据检验环境污染与经济污染之间的关系，结论显示废气、废水和生活固体垃圾排放与GDP之间存在“倒U”型曲线关系，并且生活垃圾排放的拐点晚于水污染排放。[③]

环境库兹涅茨曲线中环境质量改善的主要原因包括：①结构效应，国家经济增长带来经济结构转变，逐渐增加清洁生产活动以减少污染，如经济从能源集约型向知识集约型的转变。②技术效应，国家财富增加提高研发费用，技术进步伴随经济增长同时发生，清洁生产技术逐渐替代落后生产技术。③收入效应，随着居民收入增加，居民生活标准提高，更偏好高质量的生活环境，从而导致经济结构性转变以减少环境污染。

从收入效应可以看出，在经济发展过程中，环境质量的改善有赖于居民的诉求增加和积极参与。反观目前我国农村经济发展，工业化、城市化和农业现代化积极推进，农户收入逐步增加，生活垃圾造成的环境污染形势严峻；从理论上讲，生活垃圾造成的环境污染和农户收入之间的关系可能存在“倒U”型的曲线关系，而且环境质量改善的拐点仍未出现。除政府投入之外，农户的积极参与也是环境污染改善的重要因素。因此，研究农户生活垃圾处理的行为选择和支付意愿是改善目前农村生态环境的重要课题。

---

① PANAYOTOU T. Empirical tests and policy analysis of environmental degradation at different stages of economic development［J］. *Ilo Working Papers*, 1993（4）: 238.

② 杨凯，叶茂，徐启新．上海城市废弃物增长的环境库兹涅茨特征研究［J］．地理研究，2003，22（1）：60.

③ SONG T, ZHENG T, TONG L. An empirical test of the environmental Kuznets curve in China: a panel cointegration approach［J］. *China Economic Review*, 2008, 19（3）: 387.

（二）外部效应和公共产品

外部效应用于说明他人或自己的消费、生产的影响未通过市场机制（价格）反映出来。农户生活垃圾污染具有典型的外部效应特征，具体表现在两个方面：一是负的消费性外部效应，农户消费过程中产生了大量的生活垃圾，其随意丢弃造成了农村生活环境的土壤、水等面源污染，但并未因此付出成本，由此造成了消费性的外部成本。二是正的生产性外部效应，农户在面对生活垃圾时，选择了集中收集而非随意丢弃，通过创造良好的生活环境产生了正的生产性外部收益，但并未因此得到回报。由于缺乏有效的产权界定，生活垃圾污染的外部效应特征决定了生活垃圾处理的市场是无效率的，即生活垃圾的产生和治理需要借助政府干预，模仿“市场机制”从而实现资源的有效配置。

公共物品是市场失灵的另一个主要表现，其在消费方面的非竞争性和非排他性，导致私人供给的无效率和市场资源配置无效。环境产品具有典型的公共物品的特征，农户在消费农村空气、水、生活环境时具有非竞争性和非排他性。但在环境产品的供给方面需要私人农户付出时间、精力的成本，具有经济人特征的农户更倾向于使用“搭便车”策略，希望他人付出治理环境的成本，从而导致环境产品的无效供给。公共物品的典型特征要求政府提供，以解决“搭便车”的公共物品供给困境。

环境产品的公共物品性质及外部效应决定了市场机制在环境产品的生产和供给方面是无效率的，需要通过政府干预，提供产品或制定政策实现资源的有效配置。农户面对生活垃圾处理时的行为选择受外部效应的影响，因此农户的环保行为具有有限理性；在考察其外部环境时，其所处的市场为公共物品市场，由此需要通过政府供给或政策干预达到环境治理的目的。

（三）个人效用最大化理论

同其他商品一样，在环境产品的选择中，个人偏好具有完备性、传递性等性质，居民通过对环境产品集进行排序、选择显示其偏好。可通过观察到单个居民的选择行为估算出效用函数，即个人通过选择表达其偏好，效用是描述偏好的一种方法。提供环境产品，可带来居民福利的改进。所以，效用是衡量消费者福利的一个重要指标，本书将通过效用最大化理论来衡量环境产品的福利变动及其计量。

个人效用最大化可以表达为

$$U=U(X,\ Q,\ T)$$

其中，X表示商品数量；Q表示环境产品的数量或质量；T表示时间。该效用最大化组合最终可以转化为价格和收入决定的函数：

$$U=V(P,\ M)$$

其中，P表示环境产品的价格，M表示个人收入。如果环境产品的价格发生了变化，衡量居民福利变化有两种计量方式：补偿变差（CV）和等效变差（EV）。补偿变差是指为获得增加的效用，个人必须放弃一定的收入（以收入改变来补偿），表示的是接受意愿（即WTA）；等效变差是指当环境产品的价格发生变化时，个人要求得到一定的补偿以弥补效用的损失，是对效用水平变化进行的货币化衡量，表示支付意愿（即WTP）。从福利改变的角度看产品服务的价格变化，接受意愿和支付意愿都是较为合理的方式用于衡量福利的改进。

环境产品提供给农户清洁的空气、洁净的水及舒适的生存环境，通过假想条件估值法，假设提供生活垃圾收集和处理的服务，以等效变差来衡量农户所愿意支付的货币量；以效用最大化理论为基础，推导出支付意愿概率及支付意愿方程的影响因素。如上所述，效用最大化函数最终可转化为价格和收入决定的函数，那么价格和所对应的需求量就可以表达出居民的需求函数。

（四）有限行为理论

古典经济学理论的经典假设之一为“经济人假设”，即个人能够准确计算出行为选择的成本和收益，并选择效用最大化的行为。20世纪后半期，来自行为科学的研究结论表明，个人处理信息及决策都是有限理性的。[①]人类对成本、收益、风险等的感知存在偏差，而行为选择的框架效应[②]则说明理性选择模型是不真实的；特别是人们倾向于看中低可能性；相对于积极结果，人们对消极结果更为敏感。

农户环保行为具有有限理性的特征，即农户对于生活垃圾治理问题的思考具有短期性，同时在考虑是否为生活垃圾处理服务付费时具有偏好机会主义的态度和行为。[③]例如，"基础设施的便利性"是影响居民垃圾收集行为的重要因素，即居民家庭距离垃圾堆放点的距离远近最直接影响到居民的生活垃圾收集行为，具有有限理性的农村居民，会选择节约时间和精力，有限地选择垃圾处理行为。因此，在考察农户生活垃圾处理的行为选择时，必须考虑到农户的行为特征，并将此纳入分析框架中。

二、农户环境保护行为特征分析

对农户行为选择和支付意愿的研究离不开对农户特征的分析，将从农户经济特征出发，结合环境保护的外部效应和公共产品理论，研究农户环保行为特征，并指出农户生活垃圾的行为选择和支付意愿是其环保行为特征的集中体现。

农户特征集中表现在农户的经济特征方面。传统农业研究中，经济学家认为农户"愚昧、落后"，经济行为缺乏理性，生产要素的配置效率低下；1964年，西奥多·W. 舒尔茨出版《改造传统农业》，认为在经济活动中，农户的行为特征表现为"贫穷而有效率"。舒尔茨认为农户的经济行为符合"理性人"假设，其行为准则是追求自身利益最大化。农户在生产要素方面的配置是有效率的，这种效率表现在两个方面：一是农户所有的生产要素的使用及各种要素的配合，都考虑到了边际成本和收益；二是土

① TODD P M，GIGERENZER G. Bounding rationality to the world［J］. *Journal of Economic Psychology*，2003，24（2）：143.

② 框架效应由Tversky和Kahneman（1981）提出，其表明对同一问题的不同表达会产生不同的结果，即如果消费者感知到价格带来的是"损失"而非"收益"时，他们对价格会更加敏感。

③ 韩喜平. 农村环境治理不能让农民靠边站［J］. 农村工作通讯，2014（8）：48.

地、劳动力等所有的生产要素都得到了充分利用。[①]舒尔茨的农户经济特征得到了广泛应用，农户经济学及由加里·贝克尔家庭经济模型演变而来的农户模型，都以农户理性经济人为前提。

考察农户理性经济人的前提，笔者认为“非常发达的、倾向于完全竞争的市场条件下，由一个既是消费单位又是生产单位的居民所组成的货币经济的特征”。即农户经济人存在的前提包括两个：一个是完全竞争的市场条件，另一个是居民作为生产者和消费者的统一体。

环境保护与经济活动存在着本质差异，环境保护产生的环境产品作为公共物品，其消费具有非竞争性和非排他性。因此，作为环境保护的主体，农户参与环境保护并提供环境产品后，农户不是唯一的消费者。农户不是生产者和消费者的统一体，存在着内部利益的不一致性。因此，在环境保护活动中，农户的环境保护行为特征可表现为有限理性，其有限理性特征主要表现为：农户的环境保护行为具有短期性，提供环境产品时付出有限的努力、精力，其目标在于个人利益最大化而非整体社会利益最大化，存在机会主义倾向和“搭便车”的策略行为。

具体来看，农户环保行为有限理性特征可表现在环保认知、意愿和决策方面。本书将环境意识作为环保认知，以生活垃圾处理的支付意愿作为环保意愿，以生活垃圾处理的行为选择作为环保决策，考察农户的环保行为特征。

三、内外维度模型

环境库兹涅茨曲线、外部效应和公共产品等理论为研究农户生活垃圾处理的行为选择和支付意愿提供了理论基础，本书将结合新制度经济学构建农户生活垃圾处理的行为选择和支付意愿内外维度模型，内部维度指代行为选择和支付意愿的内在作用机理，外在维度指代外部制度环境对行为选择、支付意愿的影响。该模型的基本逻辑为，农户生活垃圾处理的行为选择和支付

① ［美］西奥多·W.舒尔茨.改造传统农业［M］.梁小民，译.北京：商务印书馆，2006：33.

意愿正是在内在机理和外部制度环境共同作用下形成的。其中，外在制度环境对农户行为选择和支付意愿的影响以新制度经济为基础进行分析。

新制度经济学为研究农户生活垃圾处理的行为选择和支付意愿提供了理论基础。诺斯认为"制度是一个社会的博弈规则，或更规范一点说，它们是一些人为设计的、形塑人们互动关系的约束"；其内容包括正式规则、非正式约束及其实施特征，能够通过影响人的行为进而影响社会变迁，是社会变迁的关键。①

农户的环境保护行为是其理性选择的结果，受到内部作用机理和外在制度环境的共同影响。其中，外在制度环境对农户环境保护行为的影响主要体现在以下三个方面：

第一，外在制度环境的规则、程序、制度框架，通过人的心智能力的局限性和辨别环境时的不确定性决定了农户的行为决策和选择的权利集合。在一定的环境保护规则下，农户能做什么不能做什么，都由已经形成的制度安排做出限定。

第二，外在制度环境形塑了农户的文化、习惯等非正式行为规则，进而决定了农户在环境保护行为中的偏好，并影响其参与环境保护的心态和动机。良好的制度环境能够塑造农户环境行为习惯，习惯是居民进行亲环境行为的重要动机，因此，制度为培育积极的亲环境行为提供了契机。

第三，外在制度环境的制度规则决定了农户之间的利益关系是否一致以及相互的行为方式；在环境保护活动中，针对农村生活垃圾管理的制度规则决定了农户在进行环境保护时相互之间的利益关系具有一致性，但不可忽视的是，环境保护的外部效应及环境产品的公共物品性质，可能会导致环境保护活动陷入集体行动的困境。

农户生活垃圾处理的行为选择和支付意愿外在制度环境主要是指目前我国农村生活垃圾管理的相关制度安排，主要包括规章制度、资金来源、

① ［美］道格拉斯·C. 诺斯. 制度、制度变迁与经济绩效［M］. 杭行，译. 上海：三联书店，1994：45.

公共物品供给等具体内容，结合我国环境管理的实际，本书对外在制度环境的分析从城乡环境管理二元结构开始，分析在此特征下农村生活垃圾管理的主要模式，并提炼出对农户行为选择、支付意愿最重要的影响因素。

结合外在制度环境和内在作用机理，本章构建的农户生活垃圾处理的行为选择和支付意愿内外维度模型如图2-1所示。

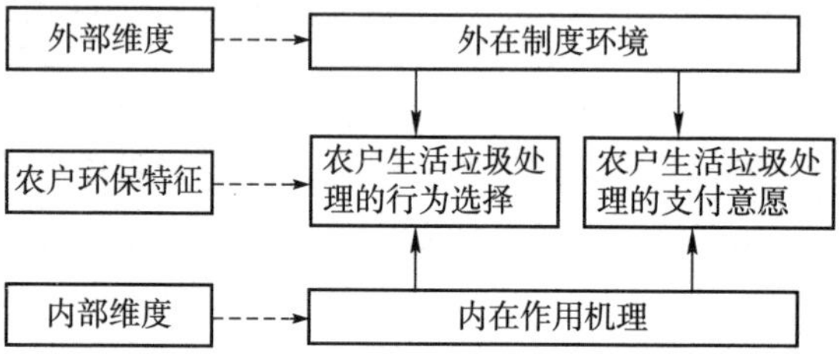

图2-1　内外维度模型

在该模型中，农户生活垃圾处理的行为选择和支付意愿受内在作用机理和外在制度环境的共同影响，内部维度和外部维度共同塑造了农户的环保特征。因此，本书旨在研究农户生活垃圾处理行为选择的内在作用机理，农户生活垃圾处理支付意愿的内在作用机理，以及外在制度环境对农户生活垃圾处理的行为选择及支付意愿的影响。在接下来的分析中，本书将分别构建农户生活垃圾处理的行为选择模型、农户生活垃圾处理的支付意愿模型，并分析外部制度环境对农户行为选择、支付意愿的影响途径。

第二节　农户生活垃圾处理的行为选择及支付意愿内在作用机理

一、基于计划行为理论的农户生活垃圾处理的行为选择模型

计划行为理论是由更简单的态度—行为理论[①]演化而来。该理论假设

① AJZEN I, FISHBEIN M. Attitude-behavior relations: a theoretical analysis and review of empirical research［J］. *Psychological Bulletin*, 1977, 84（5）: 888.

人们行为的动机是避免惩罚和寻求奖励。根据该模型，态度、社会规范和感知行为控制共同决定了亲环境行为。首先，对积极结果和消极结果的综合感知决定了行为选择的态度；态度并不直接决定行为，而是通过决定行为意向间接决定行为。其次，该理论同样强调了情景限制的重要性，即形成行为意愿时，人们不仅考虑到自身对待行为的态度，也会评估其执行行为的能力（也被称为感知行为控制）。最后，社会规范被视为影响行为决策的第三个因素，在计划行为理论框架中，社会规范被定义为社会压力带来的期望，这种期望显著影响人们执行或不执行某种行为的可能性。和态度、社会情景限制一样，社会规范不直接决定行为，而是通过影响行为意向而间接决定行为。计划行为理论进一步假设，当社会情景限制是客观行为控制的可靠预测因素时，也可以直接预测行为。

以计划行为理论为基础，并结合中国农村居民在环境行为中的特征，本书将对计划行为理论做如下调整：

第一，由于中国农村居民普遍环境意识较为低下，缺乏环境保护的社会规范，因此在模型中将不纳入“社会规范”这一变量。中国农村居民环境意识低下，原因在于长期环境教育的缺失，传统农业生产方式的影响，以及农村环境知识的宣传较为缺乏。因此，农村环境保护的个人规范、社会规范较为薄弱，农户未形成环境保护、垃圾收集的道德责任感。社会规范对农户生活垃圾处理的行为选择影响微弱，因此在最终的模型中并未将该变量纳入其中。

第二，参考Guagnano的亲环境行为的“A-B-C”模型和Stern的研究结论，将个人因素和情景因素纳入模型中。Guagnano的“A-B-C”模型考察外部条件、态度和行为之间的关系，主要内容为：行为（Behavior，B）与态度（Attitudes，A）、外部条件（Conditions，C）相关，其中，态度的范围从极度消极到极度积极，外部条件包括所有的外部支持，如设施的、财政的、法律的或者社会的；环境态度和外部条件共同影响居民的亲环境行为。[①]Stern认为，个人因素和情景因素均能影响个人行为。[②]

第三，由于数据所限，本书并未给出“行为意愿”的代理变量，因此在最终的模型中，环境态度、个人特征和外部因素直接影响亲环境行为。

以计划行为理论为基础，并对模型变量进行了调整，本书构建了农户生活垃圾处理的行为选择模型，模型如下：

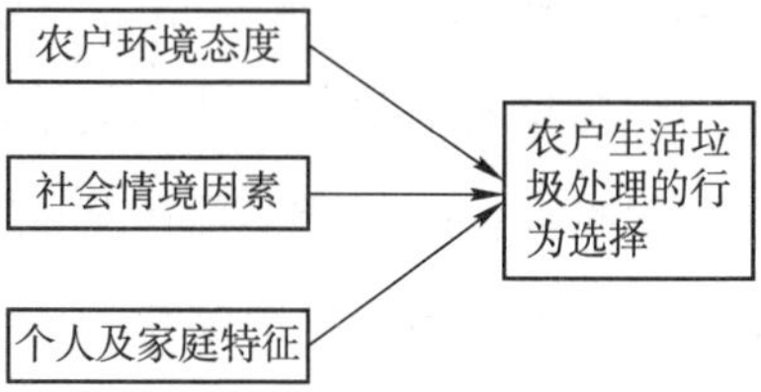

图 2–2　基于计划行为理论的农户生活垃圾处理的行为选择模型

本书所构建的农户生活垃圾处理的行为选择模型的影响因素包括：①农户环境态度；②社会情景因素，包括便利性、城镇化和村庄布局等；③个人及家庭特征，主要包括户主年龄、受教育程度、家庭耕地面积、家庭人均非农收入等因素。该模型较为全面地考察了农户进行生活垃圾处理的行为选择的影响因素。

二、基于信念价值理论的农户生活垃圾处理的支付意愿模型

价值—信念理论建立在规范激活模型和新环境范式的基础之上。根据规范激活模型，行为是个人内化社会规范的结果，个人规范被激发出来的原因在于人们希望更具有道德责任感，并保持积极的自我感觉；新环境范式发展于20世纪70年代，是对当时西方社会中的主流观点即自然仅存在于人类使用中的回应，认为人类活动造成了脆弱生态环境的不断恶化[③]。

① GUAGNANO G A, STERN P C, DIETZ T. Influences on attitude–behavior relationships a natural experiment with curbside recycling [J]. *Environment and Behavior*, 1995, 27 (5): 704.

② STERN P C. Toward a coherent theory of environmentally significant behavior [J]. *Journal of Social Issues*, 2000, 56 (3): 416.

③ BUTTEL F H. New directions in environmental sociology [J]. *Annual Review of Sociology*, 1987: 470.

价值—信念理论认为亲环境范式由环境威胁的信念、化解威胁的个人能力所激发，进而产生环境行为。个人接受了亲环境的价值观，当意识到价值观受到威胁时，相信自身行动能够保留价值观，激发道德责任感（个人范式）和行为倾向，行为结果则取决于个人能力和限制。[①]Stern进一步更新了价值—信念模型，认为个人态度和外部条件共同激发了亲环境行为。[②]相对于环境价值和亲环境信念而言，个人态度和情景因素对行为具有更加直接的影响。情景因素决定了价值和态度对行为影响的结果，包括个人的社会文化背景、熟练的技术水平、当时个人情景、经济资源及公共政策限制。

本书将农户的支付意愿研究分为两个方面，一是农户支付意愿概率估计，另一个是农户支付意愿水平的估计。在对支付意愿的影响因素进行考察时，学者多以计划行为理论为基础，其影响因素涵盖环境心理学、社会情景因素、人口统计特征等方面。本书以价值—信念理论为基础，将环境态度和外部条件纳入其中，并借鉴已有成果，将人口统计特征纳入模型分析中。因此，农户生活垃圾处理支付意愿的影响因素包括环境态度、外部条件和情景因素。模型构建如下：

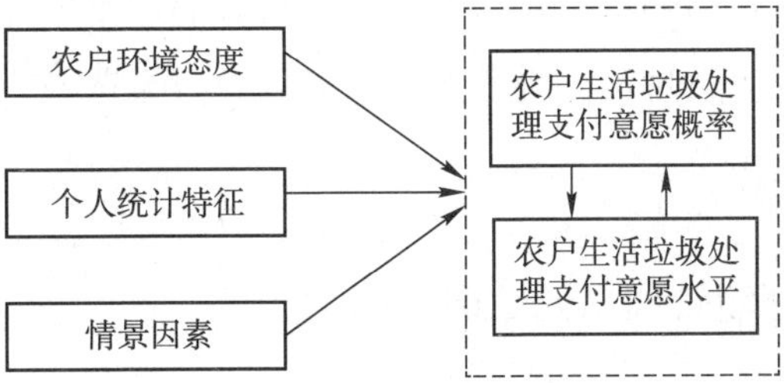

图 2–3 基于价值—信念理论的农户生活垃圾处理的支付意愿模型

本章所构建的农户生活垃圾处理的支付意愿模型中，自变量包括环

① STERN P C. Information, incentives, and pro-environmental consumer behavior［J］. *Journal of Consumer Policy*, 1999, 22（4）: 472.

② STERN P C. Toward a coherent theory of environmentally significant behavior［J］. *Journal of Social Issues*, 2000, 56（3）: 407.

境意识、个人统计特征和情景因素。其中，个人统计特征包括年龄、受教育程度、是否是村领导、是否是党员、职业、家庭人均收入水平及家庭居住面积等因素；情景因素同样影响居民的生活垃圾处理服务支付意愿，而“村里是否派人收垃圾”用于说明农户是否已经享受到生活垃圾处理服务的好处，能够影响居民的支付意愿，因此在计量模型中，将“村里是否派人收垃圾”纳入模型分析中。

第三节 农户生活垃圾处理的行为选择及支付意愿外在制度环境

农户生活垃圾处理服务的行为选择和支付意愿研究，离不开所处的外部宏观制度环境，如前所述，外在制度环境影响农户的行为选择、习惯及偏好，并影响农户与其他利益主体之间的关系。中国环境治理的最重要特征表现为城乡环境管理的二元结构。因此，从城乡环境管理二元结构特征出发，分析在此制度环境下农村生活垃圾管理的模式，并指出农村生活垃圾处理服务供给是影响农户行为选择、支付意愿的重要外生变量，以此为出发点分析农村生活垃圾处理服务供给对农户行为选择、支付意愿的影响途径。

一、城乡环境管理二元结构

我国环境管理以城市和工业源为重点，较少关注农村环境，城乡环境管理二元结构在生活垃圾管理方面体现尤为明显，可以从法规体系、财政支持、机构和人员设置等方面对比说明。

第一，法律法规体系。城市生活垃圾管理法律法规较为健全，2007年建设部颁布《城市生活垃圾管理办法》确定了城市生活垃圾处理的“减量化、资源化、无害化”和“谁生产，谁负责”的原则；2009年《循环经济促进法》颁布，确立了将生活垃圾处理减量化、再利用、资源化的目标。除法律法规外，“环境保护模范城市”和“生态园林城市”评选等活动，对生活垃圾无害化处理率提出了具体要求，如《国家环境保护模范城市考核及其实施细则（第六阶段）》中，要求创建国家环境保护模范城市的生活垃圾无害化处理率等于或大于85%；在生态园林城市考核标准中，要求城市生活垃圾无害化处理率达100%。其他相关政策，如国家发改委等多部门于2002年颁布通知要求各地根据实际情况制定“城市生活垃圾处理费征收标准”；国家发改委2006年出台了生活垃圾焚烧发电补贴的细节，并于2012年再次完善该细则。

同城市生活垃圾管理的法律法规体系相比，目前我国缺乏专门针对农村生活垃圾处理的法律法规，关于农村生活垃圾处理和防治的条款零星见于少数相关法律，且缺乏细节规定，在实践中难以操作。2005年修订的《固体废物污染环境防治法》首次将农村生活垃圾纳入管理范围，但细节较为缺乏，针对农村生活垃圾污染，只提及“县级以上人民政府应当统筹安排建设城乡生活垃圾收集、运输、处置设施，提高生活垃圾的利用率和无害化处理率”；针对农村生活垃圾污染防治的办法没有具体规定，交由地方性法规规定。2009年财政部、环保部印发了《中央农村环境保护专项资金管理暂行办法》，开始对农村环境治理实行“以奖促治”。在历年的中央1号文件中，生活垃圾污染作为农村发展面临的主要问题，只给出了总体原则，缺乏操作细节。

第二，财政支持。1999—2004年，城市生活垃圾处理设施和基础设施建设投资提高了21倍。农村环境治理及生活垃圾处理并未纳入环境管理体系，直到2009年，中央成立农村环保专项资金，用于农村环境综合整治。从财政投入来看（见表2-1），农村环境治理投资不断增加，如2014年用于农村环境综合整治的投资为169.9亿元，其中63.1亿元用于农村生活垃圾治理；农村环境治理投资与城市环境治理投资之间的差距在不断缩小。但由于农村生活垃圾处理设施缺乏，环境污染形势严峻，加之生活垃圾造成的面源污染分散，难以治理，目前的财政投入远不能满足农村环境治理需求。

表 2-1 城乡环境治理投资对比[①] 单位：亿元

年份	城镇市容环境卫生投资	其中，垃圾处理投资	农村环境综合整治投资
2009	411.2	84.63	15
2010	423.5	127.4	40
2011	556.2	266.4	40
2012	398.6	170.66	55
2013	505.7	—	60

第三，机构和人员设置。农村环境管理机构和人员设置表现为“倒金字塔形”[②]。即县级及以上政府，环保机构设置较为健全，人员配备较为完善，技术检测手段和设备较为先进；乡镇政府则未设立专门的环保机构和专职的环保工作人员，因此难以对农村环境污染进行检测，也无法提高当地居民的环境意识。2013年，全国环保系统机构总数达14257个，其中，乡镇环保机构仅为2694个，占比为18.9%；全国环保系统总人数为21.2万人，其中乡镇环保系统人数仅为10252人，占比仅为4.8%。[③]这意味着在很多地区的乡镇政府中，专门的环保工作人员较少；部分地区乡镇政府即使设立了环保机构，也没有真正的专职环保工作人员。微观数据也证明了上述现状，李君等在全国195个开展农村清洁工程的行政村调研结果显示，90.7%的乡镇未设立环保机构实施农村环境综合整治。[④]鉴于农村环境污染

① 城镇市容环境卫生投资的内容包括生活垃圾、公共厕所的清扫、收集、运输、处理等活动，还包括城市户外标志、外景照明、渣土清理、竣工清理等管理活动。农村环境综合整治的内容包括水源地、生活污水和垃圾处理、畜禽养殖污染治理、农业面源污染等内容。其中，城镇市容环境卫生投资和生活垃圾处理投资数据来自历年的《中国环境统计年鉴》；农村环境综合整治投资来自历的中国环境状况公报。

② 胡双发，王国平. 政府环境管理模式与农村环境保护的不兼容性分析 [J]. 贵州社会科学，2008 (5): 95.

③ http：//zls.mep.gov.cn/hjtj/nb/2013tjnb/201411/t20141124_291864.htm.

④ 李君，吕火明，梁康康，等. 基于乡镇管理者视角的农村环境综合整治政策实践分析——来自全国部分省（区、市）195个乡镇的调查数据 [J]. 中国农村经济，2011（2）: 78.

的严峻形势，这种倒金字塔形的环保机构和人员设置，远无法满足现有农村环境治理的需求。

二、农村生活垃圾管理模式及存在的问题

在我国大部分农村地区，生活垃圾处于无人管理的状态，表现为农户对生活垃圾未加任何处置而随意丢弃在房前屋后，成为农村环境污染的主要来源。随着新农村建设和乡村清洁工程推进，部分地区已创新了生活垃圾管理模式，如城乡环卫一体化管理模式、“村收集，镇运转，县处理”管理模式及就地减量化分类处理模式等。①

其中，运用较为广泛的管理模式是“村收集，镇运转，县处理”。村负责农户生活垃圾的收集，收集主要通过修建生活垃圾收集基础设施进行，如垃圾台、垃圾桶、垃圾池、垃圾房等形式；也有部分地区采取了派人定时上门收集等形式。在村收集之后，乡镇政府负责生活垃圾的运转，在少量建有垃圾中转站的地区，乡镇政府负责将生活垃圾运转至垃圾中转站；而大部分则直接将生活垃圾运出村进行焚烧、填埋等简单处理。县处理是指在建有生活垃圾处理站的地区，县级政府负责将生活垃圾进行最终分类化、无害化处理。

“村收集，镇运转，县处理”表现为“金字塔形”结构，即能够进行收集的村数量较多，能够进行运转的镇较少，能够进行最终处理的县更是少见。这种管理模式的金字塔结构一方面凸显了我国农村生活垃圾管理在运输、处理等环节的薄弱；另一方面说明我国农村生活垃圾处理服务在产生、收集、运输、处理等环节供给服务的不配套。在“村收集，镇运转，县处理”的管理模式中，与农户生活垃圾收集行为最为密切是“村收集”，即村是否提供了生活垃圾收集设施。只有村提供了生活垃圾收集设施，农户才能表现出其收集行为；村提供生活垃圾收集设施的数量也影响了农户

① 王金霞，李玉敏，白军飞，等. 农村生活固体垃圾的排放特征、处理现状与管理［J］. 农业环境与发展，2011，28（2）：4.

的生活垃圾收集行为。

目前农村垃圾管理模式中，存在的最主要问题是生活垃圾收集的基础设施供给不足。尽管农村公共产品有多元供给的趋势，但中国农村公共产品的供给仍以政府为主；①魏欣等认为农村人居环境的“社会效益显著大于个人效益”和“规模有限且很难阻止搭便车现象”的两大技术经济特征，决定了农村公共产品服务只能由政府提供。②从实施主体来看，村级依然是农村生活垃圾处理服务的供给主体，尤其是生活垃圾的收集设施。

农村生活垃圾处理设施中，资金缺乏成为生活垃圾治理的主要问题，尤其是在2006年取消农业税后，村财政面临着更多的负担。如诸培新、朱洪蕊的研究发现，即使是在东部发达省份的江苏省，也依然有76.2%的村庄表示针对生活垃圾处理的现有资金不够，平均每个村的资金缺口高达67.5万元。③

资金缺乏的直接结果就是农村生活垃圾处理设施或服务供给不足。这种供给不足表现为供给一方面表现为供给数量不足，另一方面表现为供给质量不足。如王金霞等的研究结果显示，2009年甘肃省有45%的村庄建设有生活固体垃圾处理设备，河北省仅有5%的村有处理生活固体垃圾的设备。④

综上所述，在城乡环境管理二元结构中，农村环境管理面临着制度、资金、人员和机构方面的缺失；在此背景下的“村收集，镇运转，县处理”农村生活垃圾管理模式中，村收集代表着对农户生活垃圾处理服务的供给，而供给中存在的最大问题是资金不足。

三、农村生活垃圾处理服务供给对农户行为选择的影响

随着农村环境污染问题不断凸显，农村居民环境意识正在逐步增强，

① 曾莉．政府供给农村公共物品及其行为选择［J］．农村经济，2008(3)：13.

② 魏欣，刘新亮，苏杨．农村聚居点环境污染特征及其成因分析［J］．中国发展，2007，7(4)：94.

③ 诸培新，朱洪蕊．基于江苏省村庄调研实证的农村生活垃圾处理服务现状与对策研究［J］．江苏农业科学，2010(6)：499.

④ 王金霞，李玉敏，白军飞，等．农村生活固体垃圾的排放特征、处理现状与管理［J］．农业环境与发展，2011，28(2)：3.

改善环境的愿望愈加强烈，农户对于生活垃圾处理服务的需求增加。史耀波、刘晓滨使用全国100个村为样本研究农村公共产品的供给，结论显示39%的村表示对生活垃圾处理现状不满，远高于道路、灌溉和饮用水等公共服务，该结论表示农户已经意识到生活垃圾问题的严重性并表达出其需求。[①]罗万纯使用全国803份样本数据，研究农户对生活环境公共服务的需求大小，结果显示，农户对垃圾处理服务的需求仅次于安全饮用水，表明农村居民对生活垃圾处理服务的需求强烈。[②]

农村现有生活垃圾供给服务远不能满足居民需求。尽管政策和资金投入在不断增加，现有农村生活垃圾收集、分解和处理服务、设施依然存在严重不足。如《2014中国环境状况公报》所示，即使63.2%的村庄提供了垃圾收集点，47.0%的村庄提供了垃圾处理服务，但数据显示仍有至少40%的村庄没有垃圾收集点或者缺乏生活垃圾处理基本服务。从生活垃圾处理服务的质量来看，依然存在不足，表现为百人拥有垃圾桶数量较少、各省域之间生活垃圾处理服务差异较大等问题。[③]

农村生活垃圾处理服务中面临的最大问题是供给不足，供给不足可表现为供给数量不足和供给质量不足。生活垃圾处理设施供给数量不足意味着农户无法表现出生活垃圾处理的收集行为。而供给质量不足意味着在村庄内生活垃圾定点收集设施缺乏统一、科学的规划，表现为布局不够合理或者分布不够密集。农村生活垃圾处理设施或服务缺乏，一方面导致农户生活垃圾处理行为落后，即将垃圾随意丢弃而非集中收集；另一方面导致农户环保意识落后，环保意识落后又阻碍了相关环境行为的发展。因此，生活垃圾处理服务供给不足对于农户生活垃圾处理的行为选择的影响途

① 史耀波，刘晓滨．农村公共产品供给对农户公共福利的影响研究——来自陕西农村的经验数据［J］．西北大学学报（哲学社会科学版），2009，39（1）：25.

② 罗万纯．中国农村生活环境公共服务供给效果及其影响因素——基于农户视角［J］．中国农村经济，2014（11）：65.

③ 黄开兴，王金霞，白军飞，等．我国农村生活固体垃圾处理服务的现状及政策效果［J］．农业环境与发展，2011，28（6）：32.

径有两条：一是农户生活垃圾的收集设施供给数量不足，限制农户环境意识，使其难以表达出积极的环境行为；二是农户生活垃圾的收集设施供给的质量不足，农户的有限理性同样限制其积极的环境行为。

四、农村生活垃圾处理服务供给对农户支付意愿的影响

农村生活垃圾处理服务供给不足影响农户生活垃圾处理的支付意愿，主要通过两条途径进行。从影响因素来看，农村生活垃圾处理服务是影响农户生活垃圾处理支付意愿的重要因素，是否提供了生活垃圾处理服务能够显著影响农户的环境意识，进而影响到农户的支付意愿概率和支付意愿水平。

从资金来源上看，生活垃圾处理服务供给的费用来源主要有两个：一是本级财政和上级财政提供的补贴，另一个是向居民收取垃圾费。①在村财政缺乏的前提下，向居民收取垃圾费成为解决农户生活垃圾问题的可行之策；而问题在于，农户是否愿意支付，农户愿意支付多少。因此，对农户生活垃圾处理的支付意愿进行衡量，成为重要的研究课题。支付意愿则使用假想条件评估法，对农村居民生活垃圾处理的支付意愿概率和支付意愿水平进行测度，其支付意愿反映了农户对于生活垃圾处理服务的量化需求。农户的需求从侧面反映了农村生活垃圾处理服务的供给不足。因此，生活垃圾处理服务的供给不足对农户生活垃圾处理服务的支付意愿的影响表现在两个方面，即生活垃圾处理服务供给不足影响农户生活垃圾处理的支付意愿，而对支付意愿的衡量又可以从需求角度反过来衡量农村生活垃圾处理服务的价值。

第四节　本章小结

环境库兹涅茨曲线、外部效应和公共产品、个人效用最大化及有限行

① 叶春辉. 农村垃圾处理服务供给的决定因素分析［J］. 农业技术经济，2007（3）：11.

为理论等是开展农户生活垃圾处理的行为选择、支付意愿研究的起点。结合新制度经济学理论，本书构建了农户生活垃圾处理的行为选择和支付意愿的内外维度模型，该模型认为农户生活垃圾处理的行为选择和支付意愿体现了农户在参与环保中的特征，其特征由内部作用机理和外部制度环境共同影响。其中，内部作用机理包括环境意识、人口统计特征及社会情景因素等内生变量；而外部制度环境中，最重要的影响因素为农村生活垃圾处理服务的供给。

农户生活垃圾处理的行为选择和支付意愿内在机理分析中，以农户经济特征为出发点，认为在环境保护活动中，农户的环保行为呈现出有限理性的特征，这种特征可以集中反映在农户生活垃圾处理的行为选择和支付意愿方面。基于计划行为理论，本章构建了包含农户环境态度、社会情景因素和个人及家庭特征在内的农户生活垃圾处理的行为选择模型；基于价值信念模型，本章构建了包含农户环境态度、个人统计特征和情景因素在内的农户生活垃圾处理的支付意愿模型。

从城乡环境管理二元结构特征出发，本章分析了目前农村生活垃圾管理主要模式，并认为生活垃圾处理服务供给不足是农村生活垃圾管理中存在的主要问题。生活垃圾处理服务供给不足影响农户生活垃圾处理的行为选择、支付意愿，本章就农村生活垃圾处理服务供给对农户生活垃圾处理的行为选择、支付意愿的影响途径进行了分析。

从上述理论框架分析可以看出，本书的研究内容主要包括农户生活垃圾处理的行为选择内在机理、农户生活垃圾处理的支付意愿内在机理，以及农村生活垃圾处理服务供给对行为选择、支付意愿的影响。因此，实证部分将围绕上述内容展开，第3章为农户生活垃圾处理的行为选择模型，第4章为农户生活垃圾处理的支付意愿模型，第5章为生活垃圾处理服务的供给现状及影响因素，第6章为供给对行为选择、支付意愿影响的实证分析。

第三章　农户生活垃圾处理的行为选择实证研究

第一节　数据来源与调查内容

本书所采用的数据是2012年全国范围内的抽样调查数据，[①]样本选取采用了分层逐级抽样和随机抽样相结合的办法。首先，在全国范围内具有代表性地抽取了5个省，分别为江苏、四川、陕西、吉林和河北。其中，江苏省位于东部地区，四川省位于西南地区，陕西省位于西北地区，吉林省位于东北地区，河北省则代表中部地区。这5个省份不仅体现了地理上的差异，并且在经济发展方面具有代表性。统计数据显示，2012年江苏省人均GDP为74607元，位于全国第4位；四川省人均GDP为32454元，位于全国第25位；陕西省人均GDP为42692元，位于全国第13位；吉林省人均GDP为47191元，位于全国第11位；河北省人均GDP为38716元，位于全国第17位。[②]

其次，根据人均工业总产值进行等距随机抽取，每个省抽取5个县，每个县抽取2个乡，每个乡抽取5个村，这样共逐层抽出25个县级、50个乡及100个村。

最后，每个村再根据村民花名册随机抽取20个农户，这样共得到101个村共2028个农户数据。[③]

---

① 感谢西北大学王凤教授和北京航空航天大学刘莹老师提供数据，为我完成此书提供了研究的数据支持。

② 中国统计局.中国统计年鉴（2013）[M].北京：中国统计出版社，2013.

③ 本次调研为连续追踪调研，已经在1998年、2005年、2008年分别对已有农村居民进行过调研，因此，农户名单可能存在增加或删减的情况，最终得到的有效村干部问卷为101个，有效的农户问卷是2028个。

调研问卷分为农户问卷和村干部问卷。采用面对面访谈的形式，农户问卷一般由户主完成，问题包括村里是否提供垃圾处理服务，农户的生活垃圾处理行为，家庭相关信息等内容；村干部问卷一般由村主任、村委书记或会计回答，问题包括村级地理特征、村级经济社会特征以及村里生活垃圾处理服务供给的情况等内容。文中所有数据的处理均使用Stata14.0。

第二节　模型设定

一、样本说明

农户的生活垃圾收集行为只能表现在已经提供了生活垃圾收集服务的村中，因此，本章旨在研究提供了生活垃圾收集服务的村中，农户的生活垃圾处理行为。在问卷中，通过“村里有没有派人收集垃圾”[①]问题来筛选样本，数据显示，2012年100个样本村中，共有37个样本村提供了生活垃圾收集服务。在每个提供垃圾收集服务的村，每个村的样本农户为20个，共得到740个样本农户，其中，有效样本679个，有效率为91.8%。

农户生活垃圾的处理行为调查结果如表3-1所示。总体来说，对于37个提供垃圾收集清运服务的样本村而言，农户生活垃圾的处理行为以集中收集为主，集中收集的农户比例为81.0%，高于2008年的58.9%。[②]同时，少量农户对生活垃圾采取了随意丢弃的处理行为（19%）。

表3-1　农户生活垃圾处理的行为选择

	样本村	样本农户	不同处理行为的农户比例（%）	
			集中收集	随意丢弃
总体情况	37	679	81.0	19.0

① 垃圾收集的形式主要为使用生活垃圾收集设施如垃圾台、垃圾桶、垃圾池等形式进行集中收集。

② 刘莹，王凤. 农户生活垃圾处置方式的实证分析［J］. 中国农村经济，2012（3）：90.

续表

	样本村	样本农户	不同处理行为的农户比例（%）	
			集中收集	随意丢弃
江苏	12	231	95.2	4.8
四川	8	143	67.8	32.2
陕西	6	95	57.9	42.1
吉林	8	153	85.0	15.0
河北	3	57	84.2	15.8

就不同的省份而言，农户生活垃圾的处理行为存在一定差异。如表4-1所示，江苏省生活垃圾集中收集的农户比例最高，达到95.2%，远超过其他省份，说明发达地区已经开始实施基本公共服务均等化，加强农村社会发展。在其余省份中，吉林省和河北省生活垃圾集中收集的农户比例相对较高，分别为85.0%和84.2%；而代表西部地区的四川省和陕西省生活垃圾集中收集的农户比例最低，分别为67.8%和57.9%。

二、模型构建

以计划行为理论为基础，并结合Guagnaono等的“A-B-C”理论模型及Stern的研究结论，构建了农户生活垃圾处理的行为选择模型。在该模型中，影响农户生活垃圾处理的行为选择的影响因素分别是农户环境意识、社会情景因素、个人及家庭特征。其中，社会情景因素包括生活垃圾收集设施的便利性、城镇化水平、村庄布局等；个人及家庭特征因素包括户主年龄、受教育程度、家庭农业收入、家庭人均非农收入等因素。根据上述分析，构建计量模型如下：

$$Y_i=F（\alpha+\sum_j \beta_j X_{ji}+\varepsilon_i）$$

式中，被解释变量Y_i为（0–1）型离散变量，表示农户是否进行了生活垃圾的集中收集行为。使用问卷中的问题“你家把垃圾放到了指定收集点吗？”如果居民将垃圾放到了指定收集点，则表明居民对生活垃圾进行了集中收集行为，赋值1；如果回答没有，则表明农户对生活垃圾没有进行集中收集行为，赋值0。由于模型中的被解释变量是离散变量，因此，本书采用Logit模型进行估计，其中，*F*（·）是正态分布的下侧累计概率函数。

解释变量*Xi*具体包括：农户环境意识（*AWARE*）、生活垃圾收集设施的便利性（*CONVE*）、城镇化水平（*URBAN*）、村庄布局（*LAYOUT*）、户主年龄（*AGE*）、户主受教育程度（*EDUCA*）、家庭种植面积（*FARM*）、家庭人均非农收入（*NONFARM*）等因素，具体计量模型如下：

$$Y=\alpha_0+\alpha_1 AWARE+\alpha_2 CONVE+\alpha_3 URBAN+\alpha_4 LAYOUT+\alpha_5 AGE+\alpha_6 EDUCA+\alpha_7 FARM+\alpha_8 NONFARM+c$$

三、变量选择与预期作用方向

下面对自变量选择、具体含义及其预期方向做详细阐述。

（1）环境意识（*AWARE*）

使用“公共资金投资优先顺序”来衡量农户的环境意识。问卷中的具体问题是：“如果上级政府给村里10万元，你觉得这五类项目的投资优先顺序是怎样？a.农村低保；b.环境改造；c.新型农村合作医疗；d.农业生产补贴；e.修公共设施。”如果将“环境改造”放到第1位，则得5分；以此类推；环境意识的得分范围为1～5。目前，中国农村居民普遍缺乏环境相关知识，环境意识低下，并且难以分辨出其环境行为是否造成了环境损害；农户生活垃圾处理行为大部分由习惯和传统驱动，而非环境知识。环境意识在居民环境行为的选择中具有关键作用，较高的环境意识能够促使农户选择更为积极的生活垃圾处理行为。据此，提出假设1：环境意识与农户生活垃圾处理的行为选择之间存在显著的正相关关系。

（2）便利性（*CONVE*）

生活垃圾基础设施的便利性表明农户住宅到垃圾堆放点的距离，问卷中的具体问题是“你家距离最近的垃圾堆放点有多远？”衡量单位是米。

便利性是影响居民亲环境行为的重要情景因素，根据有限行为理论，农户总是以节约时间和精力为目的，而不会以社会利益最大化为目标。垃圾收集点到农户家庭的距离代表了便利性，与生活垃圾收集行为之间存在负相关关系，即距离越近，居民的垃圾收集行为越积极。据此，提出假设2：便利性与农户生活垃圾处理的行为选择之间存在显著的负相关关系。

（3）城镇化（*URBAN*）

以“当地非农就业比例”衡量城镇化，具体的计算公式是“在外打工的劳动力人数/本村劳动力总人数”，此数据来源于村干部问卷。城镇化与农户生活垃圾处理的行为选择之间存在显著的负相关关系，劳动力在外就业的比例越高，越可能并不在意本村的生活环境，从而生活垃圾处理的行为选择上更倾向于随意丢弃而非集中收集。据此，提出假设3：城镇化水平与农户生活垃圾处理的行为选择之间具有显著负相关关系。

（4）村庄布局（*LAYOUT*）

该变量使用村干部问卷的问题“相隔最远的两个村民小组之间的距离”，单位是千米。村庄布局表明了农村居民居住的分散程度，与分散居住相比，集中居住的农户在生活垃圾处理方面更为便利，农户生活垃圾处理行为正在发生变化，更有利于生态建设。因此，村庄布局与农户生活垃圾处理行为之间存在显著负相关关系，即相隔最远的两个村民小组之间的距离越大，表明农户居住越为分散，农户生活垃圾处理的行为选择更倾向于随意丢弃而非集中处理。据此，提出假设4：村庄布局与农户生活垃圾处理的行为选择之间存在显著负相关关系。

（5）户主年龄（*AGE*）

该变量来自农户问卷的背景信息部分，年龄与亲环境行为之间的关系的结论并不统一。考虑到中国农村的时代背景和快速工业化进程，农户年龄与生活垃圾处理的行为选择之间存在显著负相关关系，原因在于，年长的农户务农时间更长，更缺乏环境知识和环境意识，因此具有消极的环境行为。据此，提出假设5：户主年龄与农户生活垃圾处理的行为选择之间存在显著负相关关系。

（6）户主受教育程度（*EDUCA*）

该变量来自农户问卷的背景信息部分，已有研究均认为，受教育程度能够提高居民的环境意识，进而改善居民的亲环境行为，本书沿用这一假设，即受教育程度与农户生活垃圾处理的行为选择之间存在显著正相关关系，受教育程度越高的农户，越倾向于将生活垃圾集中收集而非随意丢弃。据此，提出假设6：户主受教育程度与农户生活垃圾处理的行为选择之间存在显著正相关关系。

（7）家庭种植面积（*FARM*）

该变量来自农户问卷，家庭种植面积包括2011年农户家庭的耕地，果、茶、桑园，林地、草地、鱼塘和大棚等总种植面积之和。刘莹、黄季焜认为家庭种植面积能够提高有机垃圾的回收率，降低生活垃圾随意丢弃的比例，[①]本书采用这一结论。据此提出假设7：家庭种植面积与农户生活垃圾处理的行为选择之间存在显著正相关关系。

（8）家庭人均非农收入（*NONFARM*）

来自农户问卷，包括家庭人均2011年累计按月发的现金收入、不按月发放的现金收入和累计的实物报酬之和。非农收入与农户生活垃圾处理行为之间的关系并不统一，姜太碧、袁惊柱认为两者之间存在显著的正相关关系；[②]而闵继胜、刘玲则认为两者之间存在负相关关系。[③]本书认为非农收入代表了家庭的收入水平，与农户生活垃圾处理的行为选择之间存在显著的正相关关系。原因在于，农户生活水平提高之后，农户开始追求生活质量的改善，也会促使其开展更为积极的生活垃圾收集行为。据此，提出假

① 刘莹，黄季焜．农村环境可持续发展的实证分析：以农户有机垃圾还田为例［J］．农业技术经济，2013（7）：4.

② 姜太碧，袁惊柱．城乡统筹发展中农户生活污物处理行为影响因素分析——基于“成都试验区”农户行为的实证［J］．生态经济，2013（4）：35.

③ 闵继胜，刘玲．机会成本、政府行为与农户农村生活污染治理意愿——基于安徽省的实地调查［J］．山西农业大学学报：社会科学版，2015，14（12）：1193.

设8：家庭人均非农收入与农户生活垃圾处理的行为选择之间存在显著的正相关关系。

第三节 农户生活垃圾处理的行为选择模型研究

一、描述性统计

从描述性统计（见表3–2）中可以看出，在提供生活垃圾收集服务的村里，农户对生活垃圾处理的行为选择多以集中收集为主，达到81%，仅有19%的农户选择了将生活垃圾随意丢弃。农户环境意识较为低下，以百分制计算，农户环境意识整体得分为58.2分，低于城市居民的72.82分，[①]也低于企业员工的85分；[②]农户住宅到垃圾堆放点的距离平均值为294米，最大值为6000米；以当地非农就业比例衡量的城镇化水平均值为53%，与2012年全国平均城镇化水平（52.57%）相当；村里最远两个小组之间的距离为2.20千米，高于刘莹、王凤于2008年进行的调研结果（1.7千米）[③]，该变量最大值为15千米，说明我国农村居民居住较为分散，且具有更加分散的趋势；户主平均年龄为54.48岁，平均受教育年限为7.88年，约相当于初中二年级的水平；家庭平均种植面积为4.75亩，年家庭平均非农收入达7550元。

表3–2 变量定义、描述性统计及预期作用方向

变量符号	变量名称	具体含义	平均值	标准差	最小值	最大值	预期变量符号
Y	行为选择	是否定点倾倒垃圾（集中收集）	0.81	0.39	0	1	—

① 王凤.公众参与环保行为影响因素的实证研究［J］.中国人口·资源与环境，2008，18（6）：33.

② 王凤，程志华.员工环境行为对企业环境行为影响的实证研究［J］.西北大学学报：哲学社会科学版，2015，45（2）：137.

③ 刘莹，王凤.农户生活垃圾处置方式的实证分析［J］.中国农村经济，2012（3）：90.

续表

变量符号	变量名称	具体含义	平均值	标准差	最小值	最大值	预期变量符号
AWARE	环境意识	“公共资金投资优先顺序”中对“环境改造”的排序	2.91	1.53	1	5	正向
CONVE	便利性	农户住宅到垃圾堆放点的距离	294	597.24	0	6000	负向
URBAN	城镇化水平	当地非农就业比例	0.53	0.25	0.03	0.96	负向
LAYOUT	村庄布局	村里最远两个小组之间的距离	2.20	2.35	0	15	负向
AGE	户主年龄	—	54.48	10.62	26	85	正向
EDUCA	户主受教育程度	0=文盲，6=小学六年级，9=初中毕业，12=高中毕业	7.88	2.74	1	15	正向
FARM	家庭种植面积	耕地、种植园、林地、草地、鱼塘、大棚等面积之和	4.75	4.66	0	33	正向
NONFARM	家庭人均非农收入	家庭人均2011年累计按月发的现金收入、不按月发的现金收入和累计实物报酬之和	7.55	8.13	0	58	正向

二、单因素分析

除个人因素外，社会情景因素是影响农户生活垃圾处理的行为选择的重要变量，因此通过单因素分析，重点考察一系列环境因素的变化对农户生活垃圾处理行为的影响。单因素分析的主要方法是通过K值聚类分析，将影响变量分为3～5组，通过统计农户生活垃圾集中收集和随意丢弃的比例，对比分析影响变量与农户行为选择之间的关系及作用方向。

表3–3　单因素分析

组别	样本农户（户）	采用各种垃圾处理行为的农户比例（%）		
		集中收集	随意丢弃	合计
AWARE：环境意识				
低	123	81.3	18.7	100
较低	176	80.7	19.3	100
中	152	79.6	20.4	100
较高	115	84.5	16.5	100

续表

组别	样本农户（户）	采用各种垃圾处理行为的农户比例（%）		
		集中收集	随意丢弃	合计
高	113	81.3	18.7	100
CONVE：便利性				
<50	285	94.7	5.3	100
50～200	213	84.5	15.5	100
>200	181	55.2	44.8	100
URBAN：城镇化水平				
<43	146	77.4	22.6	100
35～65	247	74.9	25.1	100
>65	286	88.1	11.9	100
LAYOUT：村庄布局				
<0.7	158	81	19	100
0.7～2	325	85.2	14.8	100
>2	196	74	26	100
FARM：家庭耕地面积				
<2.2	237	77.2	22.8	100
2.2～6	286	82.5	17.5	100
>6	156	84	16	100
NONFARM：家庭人均非农收入				
<1.2	175	78.3	21.7	100
1.2～11	330	77.9	22.1	100
>11	174	89.7	10.3	100

（1）环境意识与农户生活垃圾处理的行为选择之间看不出一定的关联性。根据环境意识得分将样本农户分为5组，如表3-3所示，分别为低、较低、中等、较高及高环境意识组，农户将生活垃圾集中收集的比例分别为81.3%、80.75%、79.6%、84.5%和81.3%。由此看来，农户生活垃圾集中收集的比例与环境意识之间并未表现出一致的关系。

（2）便利性对农户生活垃圾处理的行为选择具有一定的影响，根据“便利性”这一指标把样本农户分为3组，从表3-3可以看出，随着到垃圾收集点的距离不断增大，生活垃圾集中收集的农户比例明显下降（分别是94.7%、84.5%和55.2%），而随意丢弃的农户比例随之增加。农户住宅到垃圾堆放点的距离与生活垃圾集中收集的农户比例之间有负相关关系。

（3）城镇化水平对农户生活垃圾处理的行为选择有一定的影响。城镇化水平用“当地的非农就业比例”来衡量，根据这一指标将样本农户分为3组。从表3-3可以看出，随着本村劳动力非农就业比例的提高，生活垃圾集中收的农户比例有所下降（分别为77.4%、74.9%），而当非农就业比例进一步提高时，生活垃圾集中收集的农户比例又有大幅上升（88.1%）。与此相对应的是，随意丢弃生活垃圾的农户比例也呈现出先上升后下降的趋势。

（4）村庄布局与农户生活垃圾处理的行为选择有相关关系。选择用村里最远两个小组之间的距离来衡量村庄布局的分散程度，根据该指标把样本农户分为3组。从表3-3可以看到，随着村庄布局的不断扩大，生活垃圾集中收集的农户比例呈上升趋势（81%、85.5%），而当村庄布局进一步扩大时，生活垃圾集中收集的农户比例开始下降（74%）。与相对应的是，生活垃圾随意丢弃的农户比例相应呈现出先下降后上升的趋势。

（5）家庭种植面积与农户生活垃圾处理的行为选择之间呈现正相关关系。根据家庭种植面积把样本农户分为3组。如表3-3所示，随着种植面积的不断增加，生活垃圾集中收集的农户比例逐步上升（分别为77.2%、82.5%和84%），而随意丢弃的农户比例有所下降。

（6）家庭人均非农收入与农户生活垃圾处理的行为选择之间具有一定的相关性。本书依据家庭人均非农收入将样本农户分为3组，从表3-3可以看出，农户家庭人均非农收入水平的增加带来生活垃圾集中收集的农户比例的增加（78%、77.9%和89.7%），而随意丢弃的农户比例则呈现下降的趋势。

三、计量模型分析与结果讨论

为了体现结果的稳健性，在回归分析中，不仅使用了Logit回归，并且列出了OLS回归结果，从两种方法的回归结果中可以看出，结果具有一致性，说明回归的结果较为稳健。从OLS回归结果（见表3–4）可以看出，模型具有良好的拟合性（22.82%），能够解释农户生活垃圾处理行为选择22.82%的原因。

表3–4 Logit和OLS回归结果

	OLS模型	Logit模型	边际效应
AWARE	–0.004（–0.46）	–0.010（–0.14）	–0.001（–0.14）
CONVE	–0.0002***（–8.36）	–0.001***（–5.78）	–0.001***（–6.42）
URBAN	–0.081（–1.13）	–0.643（–1.07）	–0.071（–1.07）
LAYOUT	–0.039*（–1.74）	–0.229*（–1.69）	–0.025*（–1.71）
AGE	–0.0007（–0.50）	–0.005（–0.44）	–0.006（–0.44）
EDUCA	0.011**（2.01）	0.094**（1.99）	0.010**（2.00）
FARM	–0.019（–1.34）	–0.180（–1.47）	–0.020（–1.48）
NONFARM	–0.0002（–0.01）	0.0002（0.09）	0.0002（0.09）
江苏省	0.163**（2.46）	1.941***（3.07）	0.216***（3.09）
吉林省	0.044（0.78）	0.445（0.92）	0.050（0.92）
陕西省	–0.193***（–3.06）	–1.058**（–2.17）	–0.118**（–2.20）
四川省	–0031（–0.45）	–0.133（–0.24）	–0.015（–0.24）
常数项	0.937***（7.92）	2.283**（2.24）	—
R^2	0.2282	—	—
卡方值	—	130.67***	—

注：*** p<1%; ** p<5%; * p<10%

模型的因变量为离散变量，因此分析过程以Logit回归为主。以下分析针对Logit回归进行，从回归结果中可以看出，便利性、村庄布局和户主受教育程度与农户生活垃圾处理的行为选择之间存在显著相关关系，其中，便利性显著负作用于农户生活垃圾处理的行为选择（z=–5.78，p<1%），即农户家庭到垃圾指定收集点的距离越远，农户对生活垃圾集中收集的可能

性越小；村庄布局与农户生活垃圾处理的行为选择之间存在显著的负相关关系（z=–1.69，p<10%），即农户居住越分散，农户对生活垃圾集中收集的可能性越小；受教育程度与农户生活垃圾处理的行为选择之间存在正相关关系（z=1.99，p<5%），即户主的受教育程度越高，越可能进行生活垃圾的集中收集行为。

为了深入分析各变量对因变量的影响，表3–4同样给出了各自变量的边际效应。在Logit模型中，边际效用表示的是解释变量处于均值时变化一单位对被解释变量取值为1的概率的影响程度。根据边际效用的估计结果，可以得出如下主要结论：

（1）便利性是影响农户生活垃圾处理行为的重要因素，农户到垃圾指定收集点的距离越远，居民运送垃圾的时间成本越高，农户将生活垃圾随意丢弃的可能性越大。便利性这一变量在模型中的显著性达到了1%；根据其边际效应，农户到垃圾指定收集点的距离处于均值水平（294米）时，农户住宅到垃圾堆放点的距离每增加1米，农户进行生活垃圾收集行为的概率会降低0.1个百分点。农户住宅到垃圾堆放点的距离意味着时间成本，以便民为目的，靠近农户住宅，设立更为密集分布垃圾收集点，有助于鼓励农户生活垃圾的集中收集行为。

（2）就村庄布局而言，村庄布局显著负作用于农户生活垃圾处理的行为选择。模型估计结果显示，“村里最远两个小组之间的距离”这一变量达到了10%的显著性水平。在该距离处于均值水平（2.2千米）时，距离每增加1千米，农户生活垃圾集中收集的可能性会减少2.5%。由于财力所限，村庄内部能够设置的垃圾收集点有限，在垃圾收集点数量相同的情况下，村庄最远直线距离越大，农户距离垃圾收集点的平均路程就越远，从而增加生活垃圾集中收集的成本，农户则更倾向于随意丢弃而非集中收集。

（3）农户特征中，受教育年限越长的农户，更倾向于将生活垃圾进行集中收集（显著性水平达到5%），这可能是由于受教育年限越长的农户更能够意识到垃圾随意丢弃所带来的环境污染问题。从边际效应结果可以看出，在受教育年限处于均值水平（7.88年）时，受教育年限每增加1年，农户生活垃圾集中收集的可能性增加10%。与便利性、村庄布局相比，教育更能改善农户的亲环境行为。

除便利性、村庄布局和受教育程度外，农户环境意识、城镇化水平、户主年龄、家庭耕地面积、家庭人均非农收入等变量对农户生活垃圾处理的行为选择没有显著影响。为了计量模型的准确性，还将省份虚拟变量加入其中，从回归结果可以看出，江苏省对农户生活垃圾处理的行为选择有显著的正向作用（z=3.07，p<1%）；而陕西省对农户生活垃圾处理的行为选择有显著负作用（z=–2.17，p<5%）。

第四节　对情景因素的进一步分析

从上述计量模型结果可以得知，情景因素中的便利性、村庄布局是影响农户生活垃圾处理行为的重要因素，该结果与之前的研究结论一致。情景因素中，回收设施的便利性和居住方式（集中居住还是分散居住）显著影响农户的生活垃圾处理行为，原因在于生活垃圾处理的基础设施的便利性，能够引导农户妥善处置生活垃圾；而集中居住有利于生活垃圾处理设施的规划设计，从而有助于集中收集生活垃圾。考虑到我国农村居民以分散居住为主，且农村生活垃圾处理设施或服务存在供给数量不足和质量不足，因此，从便利性和村庄布局出发，利用分层回归考量便利性和村庄布局对农户生活垃圾处理行为的解释力度，寻找最关键的影响因素。

分层回归的目的是通过添加关键变量后，对比模型结果（如R^2、F值），从而确定变量的解释力度。根据上述分析结果构建4个模型，用于分析便利性、村庄布局对农户生活垃圾处理的行为选择的影响力度。

表 3-5 分层回归结果

模型	变量	系数	T值	R^2	调整 R^2	P（F）
模型（1）	AWARE	−0.007	−0.75	0.1291	0.1145	0.000
	URBAN	−0.004	−0.01			
	AGE	−0.003	−0.21			
	EDUCA	0.010*	1.76			
	FARM	−0.026*	−1.84			
	NONFARM	0.001	0.56			
	省份虚拟变量	控制				
模型（2）	AWARE	−0.004	−0.52	0.2242	0.2098	0.000
	URBAN	−0.072	−1.02			
	AGE	−0.006	−0.44			
	EDUCA	0.011**	1.97			
	FARM	−0.024*	−1.77			
	NONFARM	0.0005	0.18			
	CONVE	−0.002***	−8.53			
	省份虚拟变量	控制				
模型（3）	AWARE	−0.006	−0.71	0.1371	0.1211	0.000
	URBAN	−0.021	−0.28			
	AGE	−0.004	−0.32			
	EDUCA	0.010*	1.81			
	FARM	−0.017	−1.14			
	NONFARM	0.0001	0.35			
	LAYOUT	−0.016**	−2.34			
	省份虚拟变量	控制				
模型（4）	AWARE	−0.004	−0.50	0.2282	0.2126	0.000
	URBAN	−0.086	−1.20			
	AGE	−0.007	−0.52			
	EDUCA	0.011**	2.00			
	FARM	−0.017	−1.24			
	NONFARM	−0.008	0.03			
	CONVE	−0.002***	−8.37			
	LAYOUT	−0.012*	−1.75			
	省份虚拟变量	控制				

注：*** p<1%; ** p<5%; * p<10%

分层回归结果显示（见表3–5），从模型（1）到模型（2），通过增加“便利性”变量，使模型的拟合优度有了大幅提升（$\Delta R^2=0.0951$），说明便利性在影响农户生活垃圾处理的行为选择中是一个关键变量；该结论也可以从模型（3）到模型（4）中看出，在增加“村庄布局”变量后，增加“便利性”变量使整体模型的拟合优度提升了9.11个百分点（$\Delta R^2=0.0911$）。

从模型（1）到模型（3），通过增加“村庄布局”变量，模型的拟合优度有小幅提升（$\Delta R^2=0.008$），说明“村庄布局”显著影响因变量，但不是影响农户生活垃圾处理行为的关键因素；该结论也可以从模型（2）到模型（4）中看出，在增加“便利性”变量后，增加“村庄布局”变量并未使整体模型的拟合优度得到大幅提升（$\Delta R^2=0.004$）。在社会情景因素中，便利性是最重要的影响因素。该结论的启示为，在进行农村生活垃圾处理服务供给时，注重村庄内部的规划设计，通过合理的布局，缩短农户家庭和垃圾堆放点的距离，能够有效提升农户生活垃圾的处理行为。

第五节　本章小结

在介绍数据来源和样本选择的基础上，本章使用描述性统计、Logit回归、分层回归等方法重点研究内容为，在提供生活垃圾处理的村中，哪些因素能够影响到农户生活垃圾处理的行为选择？通过分层回归，试图寻找影响农户生活垃圾处理行为最为关键的变量。通过实证分析，主要结论包括：

基于计划行为理论，构建了包含环境意识、社会情景及个人及家庭特征在内的影响因素模型，通过Logit回归和OLS回归进行计量模型估计，结果显示，便利性、村庄布局与农户生活垃圾处理的行为选择之间存在显著的负相关关系，而农户受教育程度与农户生活垃圾处理的行为选择之间存在显著的正相关关系，也提供了各个变量的边际效应分析。

便利性是影响农户生活垃圾处理行为的最关键变量。回归分析结果表明社会情景因素显著影响农户生活垃圾的处理行为，结合我国农村生活垃圾处理服务供给不足的现状，进一步通过分层回归寻找最为关键的解释变量。通过比较4个模型的R^2值可以发现，在社会情景因素中，便利性是影响农户生活垃圾处理行为的最关键因素，通过加入该因素，能够使模型的整体拟合优度提升10%，有效提升了模型对现实的解释力度。

第四章　农户生活垃圾处理服务的支付意愿实证研究

第一节　样本说明和研究方案设计

一、样本说明

本章使用的数据同样来自2012年3—4月在江苏、陕西、吉林、四川和河北5省的调研数据，同样采用多阶段分层抽样方法，共获得总样本数为2028个。需要注意的是，本章研究对象包括村里没有提供垃圾收集服务的农户及村里已提供垃圾收集服务但未要求农户付费的农户。通过“村里有没有派人收集垃圾”筛查出已提供垃圾收集服务的村庄的农户，并结合“你家交了垃圾费吗”问题筛查出已经获得相应服务并且付费的农户；从已有样本中看出，获得村里提供的垃圾收集服务的农户共有739户，其中已为垃圾收集付费的农户共79户。将这样的农户删除之后，其余样本农户都是本章的研究对象，有效样本共1949个，样本有效率为96.1%。

调研内容中与支付意愿相关的内容包括：一是农户针对垃圾收集服务的支付意愿；二是农户的家庭信息，包括户主及其家人的受教育程度、2011年是否干活及个人非农收入、家庭建筑面积等信息；三是户主的环境意识，同样使用问卷中的“公共资金投资方向和优先序”中对“环境改造”项目的排序。

二、研究方案设计

条件估计法有多种设问形式，如开放式法、投标博弈法、二分选择法和支付卡片法。其中，二分选择法（DC法）被证明是形式最为简单，结果较为准确，但是计算过程较为复杂的一种设问形式，DC法的优势包括：人们处于相对熟悉的背景下，购买决策较为容易；受访者仅需要回答是或否，决策相对简单，有利于降低拒访率；有很大可能性避开设问技巧中的陷阱，如“起点偏差”和“策略性行为”[①]。

二分选择法可分为单阶二分选择法、双阶二分选择法和半双阶二分选择法等。根据研究的具体问题和研究对象，选择半双阶二分选择法为调研时的具体设问形式：在询问相应的垃圾问题后，首先询问被访者在初始价格（P_{R0}）下是否接受村里提供的生活垃圾处理服务，如果被访者回答是，则该问题结束；如果被访者不同意，则继续一较低的价格（P_{R1}），询问在此价格下，受访者是否接受村里提供的生活垃圾处理服务，如果受访者的回答依然是否，则不再追问受访者对于垃圾生活处理服务的支付意愿。

具体问题是，在询问过村里是否提供垃圾收集服务及收费情况后，首先询问农户“如果村里雇人每天运走垃圾，条件是每户每月交5元钱，你愿意吗？”如果农户表示同意，则对支付意愿的询问结束；如果农户不同意，则继续询问“如果村里雇人每天运走垃圾，条件是每户每月交2元钱，你愿意吗？”如果农户同意，则对支付意愿的询问结束；如果农户的回答依然为否，则表示农户不愿意为生活垃圾收集服务支付任何费用，则结束询问。

值得注意的是，本次调研提出的标的分别是5元和2元，原因在于已有研究表明，发展中国家农户对于农村生活垃圾处理服务的支付意愿较低，一般是其家庭总收入的0.1%～3%；来自我国学者的研究结论同样验

① A. 迈里克·弗里曼. 环境与资源价值评估——理论与方法［M］. 曾贤刚，译. 北京：中国人民大学出版社，2002：27–29.

证了该观点，即我国农村居民对于生活垃圾处理服务的支付意愿为每年10～100元，占农村家庭总收入的0.1%～1%。以上述学者的研究结论为依据测度2012年农村居民对于生活垃圾处理服务的支付意愿。

2012年，河北省农村居民人均纯收入为8081.39元，吉林省农村居民人均纯收入为8598.17元；江苏省农村居民人均纯收入为12201.95元；四川省农村居民人均纯收入为7001.43元；陕西省农村居民人均收入为5762.52元。①本书以人均收入为衡量指标，按照支付意愿占农村居民人均收入的0.1%～1%比例计算，我国农村居民对于生活垃圾处理服务的支付意愿的区间为每年5元～122元；考虑到家庭人口规模及区域经济发展的差异，问卷中将每年的支付意愿确定为60元、24元，即每月5元、2元，与农户的支付意愿较为符合。

第二节　模型设定

一、模型推导

借鉴苗艳青等的理论模型，②从效用理论水平出发，推导出支付意愿的影响因素。假设农户通过家庭效用最大化来决定是否为生活垃圾处理服务付费，U_i表示家庭的间接效用函数；q^0表示当前生活垃圾处理服务现状（无生活垃圾处理服务或未付费）；q^1表示改善后的生活垃圾处理状况（雇人每天运走垃圾）；X_i表示影响农户效用的因素，包括家庭收入、个人背景信息及社会情景因素等。

农户家庭的间接效用函数可以表示为：$U_i=U_i(X_i, q, \in)$，其中$\in$表示随机误差项；农户愿意为生活垃圾处理服务付费的概率为

① 中国统计局. 中国统计年鉴（2013）[M]. 北京：中国统计出版社，2013.

② 苗艳青，杨振波，周和宇. 农村居民环境卫生改善支付意愿及影响因素研究——以改厕为例[J]. 管理世界，2012（9）：91.

$$P(U_i(X_i,\ q^1,\ \in_1))>U_i(X_i,\ q^0,\ \in_0)$$

假设上式为线性概率模型，则：

$$P(U_i(X_i,\ q^1,\ \in_1))>U_i(X_i,\ q^0,\ \in_0)=\alpha_0+\alpha_1X_i+\in$$

假设随机误差项∈服从正态分布，则上式可使用二元选择模型进行Logit回归。

结合第三章的理论模型分析，基于价值信念理论，认为影响农户生活垃圾处理服务支付意愿的影响因素来自于环境意识、个人统计特征和情景因素，所选择的自变量包括环境意识（*AWARE*）、年龄（*AGE*）、受教育程度（*EDUCA*）、是否是村领导（*LEADER*）、是否是党员（*PARTY*）、职业（*CAREER*）、家庭人均收入水平（*INCOME*）及家庭居住面积（*HOUSE*），此外，情景因素同样影响居民的生活垃圾处理服务支付意愿，而“村里是否派人收垃圾”用于说明农户是否已经享受到生活垃圾处理服务的好处，能够影响居民的支付意愿，因此在计量模型中，将“村里是否派人收垃圾（*SERVICE*）”纳入模型分析中。具体的回归模型如下：

$$Y_i=\alpha_0+\alpha_1AWARE+\alpha_2+AGE+\alpha_3EDUCA+\alpha_4LEADER+\alpha_5PARTY+$$
$$\alpha_6CAREER+\alpha_7INCOME+\alpha_8HOUSE+\alpha_9SERVICE+\in$$

其中，Y_i有两层含义，一是农户是否愿意进行支付生活垃圾的处理费用，即支付意愿概率方程，此时，Y_i为离散变量，使用Logit模型进行估计；二是农户的支付意愿是多少，即支付意愿水平方程，此时Y_i为连续变量，使用OLS进行估计，并给出其边际效应值。

对于支付意愿（*WTP*）的测算，则可使用加权平均进行计算，计算公式如下：

$$E(WTP)=E(WTP\mid WTR>0)*P_r(WTP>0)+0*(P_r(WTP=0))$$

二、变量选取与预期作用方向

基于价值信念的农户生活垃圾处理的支付意愿模型，本章设定的自变量包括农户环境意识、个人统计特征、情景因素，现对具体变量的具体含义和作用方向做详细阐释。

（1）环境意识（*AWARE*）

环境意识使用农户问卷中的“公共资金投资方向及优先序”问题，具体问题为“如果上级政府给村里10万元，你觉得这五类项目的投资优先顺序是怎样？”共有5类选择，分别是：a.农村低保；b.环境改造；c.新型农村合作医疗；d.农业生产补贴；e.修公共设施。以“环境改造”为研究对象，如果在农户选择中，将环境改造列为第1位，则赋值5分；以此类推，将环境改造列为第5位，则赋值1分；该变量的取值范围为1~5分。已有研究表明，环境意识与农户生活垃圾处理支付意愿之间存在正相关关系，环境意识表明了农户对环境的重视程度，环境意识越高，越愿意为环境公共产品付费，且支付意愿更高。据此提出假设1：环境意识与农户的支付意愿之间存在显著的正相关关系。

（2）年龄（*AGE*）

受访者年龄来自农户问卷的个人背景信息部分。[①]对于农户户主年龄与支付意愿之间的关系，已有研究结论较为统一，即均认为户主年龄与支付意愿之间存在显著的负相关关系。原因包括：年龄大的人，预期生存时间更短，更不愿意为公共产品付费；农户年龄越大，其务农年限越长，其对传统的生活方式越为执着，从而环境意识较为落后，而不愿意为环境公共产品付费。据此，提出假设2：户主年龄与农户支付意愿之间存在显著的负相关关系。

（3）受教育程度（*EDUCA*）

受教育程度来源于农户问卷的个人背景信息部分，[②]已有研究普遍认为，受教育程度与支付意愿之间存在显著的正相关关系，因为受教育程度

---

① 受访者一般为户主，年龄是户主年龄，类似地，受教育程度为户主受教育程度，是否是村干部是指户主是否担任村干部，是否是党员是指户主是否党员。

② 受教育年限的衡量标准为0=文盲，6=小学毕业；9=初中毕业；12=高中毕业；15=大学毕业，以此类推，可根据农户自述的受教育程度给出受教育年限的衡量。

提高了农户的环境意识，使其在生活中更加重视环境，因而更可能为生活垃圾处理服务付费，其支付意愿更高。据此提出假设3：户主受教育程度与农户支付意愿之间存在显著的正相关关系。

（4）是否是村领导（*LEADER*）

受访者是否是村领导，来自农户问卷的个人背景信息部分。已有文献综述中，并未涉及该变量对于农户生活垃圾处理服务支付意愿的影响，但从已有研究结论出发依然可以得出相关结论。黄开兴等认为政策因素如上级财政支持、环境项目等显著影响生活垃圾处理服务的供给；①从该结论出发，村领导干部的身份属于政策范围，村领导与相关政策的交集更为密集，更能了解环境相关知识以及上级政府对本村环境整治的相关考察结果，因此在日常生活中更愿意为生活垃圾处理服务付费，且支付意愿更高。据此提出假设4：是否是村领导与农户的支付意愿之间存在显著的正相关关系。

（5）是否是党员（*PARTY*）

受访者是否是党员，来自农户问卷的个人背景信息部分。已有文献综述中，较少涉及该变量解释居民的生活垃圾处理支付意愿。相较于非党员，党员在农村生活中要求起到引领示范作用，因此，党员具有更高的环境意识、更积极的环境行为，从而更愿意为生活垃圾处理服务付费。据此提出假设5：是否是党员与农户生活垃圾处理服务付费之间存在显著的正相关关系。

（6）职业（*CAREER*）

职业来自农户问卷的个人背景信息部分，主要是询问受访者“2011年是否干活（包括务农及非农工作）”。Amfo-Out认为是否工作影响农户的支付意愿，如果受访者参加了工作，则表明其有能力支付垃圾收集处理的

① 黄开兴，王金霞，白军飞，等.我国农村生活固体垃圾处理服务的现状及政策效果［J］.农业环境与发展，2011，28（6）：32.

服务[1]。据此提出假设6：职业与农户生活垃圾处理服务支付意愿之间存在显著的正相关关系。

（7）家庭人均收入水平（*INCOME*）

家庭收入水平以家庭人均非农收入来衡量，该问题来自农户问卷，其具体设问问题为“2011年累计按月发的现金收入、累计不按月发的现金收入及累计实物报酬”，并按家庭人口数量进行平均。来自国内外的研究结论一致认为，收入水平与农户生活垃圾处理服务的支付意愿之间存在显著的正相关关系，即收入水平越高，其支付意愿越高。据此提出假设7：家庭收入水平与农户的支付意愿之间存在显著的正相关关系。

（8）家庭居住面积（*HOUSE*）

家庭居住面积来自农户问卷的家庭资产部分，具体问题是“建筑面积有多大”，家庭居住面积反映了家庭人口规模，并间接反映了家庭的资产状况。已有研究表明，居住面积与支付意愿之间存在显著的正相关关系，原因在于家庭居住面积越大，越可能产生更多的生活垃圾，农户面临着生活垃圾处理的压力，因此具有更高的支付意愿。据此提出假设8：家庭居住面积与农户的支付意愿之间存在显著的正相关关系。

（9）是否提供垃圾处理服务（*SERVICE*）

村里是否提供垃圾处理服务来自农户问卷，是影响农户支付意愿的重要情景因素；Sterner和Bartelings认为合理的基础设施建设能够提升居民的支付意愿，合理的基础设施建设代表着便利性，也是影响居民支付意愿的重要因素。[2]据此提出假设9：是否提供垃圾处理服务与农户支付意愿之间存在显著的相关关系。

---

① AMFO-OUT R，WAIFE E D，KWAKWA P A，et al. Willingness to pay for solid waste collection in semi-rural Ghana：a logit estimation［J］. *International Journal of Multidisciplinary Research*，2012，2（7）：47.

② BARTELINGS H，STERNER T. Household waste management in a Swedish municipality：determinants of waste disposal，recycling and composting［J］. *Environmental & Resource Economics*，1999，13（4）：485.

三、样本描述性统计

从描述性统计（见表4-1）中可以看出，在1949个样本中，66%的受访者愿意为生活垃圾处理服务支付5元；在不愿意支付5元的样本656个样本中，共有147位受访者愿意支付2元，占比为22%。受访者平均环境意识得分为2.69分，以百分制计算为53.8分，整体低于第4章提供生活垃圾处理服务的村的农户的环境意识（58.2分）；受访者平均年龄为54.41岁，平均受教育年限为6.85年，大约相当于初中一年级；整体样本中，10%的受访者为村领导，16%的受访者为党员；91%的农户2011年工作过；家庭人均收入水平为14890元；平均家庭居住面积为145.75平方米；34%的农户使用过村里提供的生活垃圾收集服务。

表4-1　变量说明、描述性统计及预期作用方向

变量符号	变量名称	变量含义	均值	标准差	预期作用方向
Y_1	因变量	愿意支付5元，则为1，否为0	0.66	0.47	—
Y_2	因变量	愿意支付2元，则为1，否为0	0.22	0.42	—
AWARE	环境意识	在公共资金投资方向中对环境改造的优先排序	2.69	1.37	正向
AGE	年龄	—	54.41	10.59	负向
EDUCA	受教育程度	0=文盲，6=小学六年级，9=初中毕业，12=高中毕业	6.85	3.47	正向
LEADER	是否村干部	受访者担任村干部，则为1，否为0	0.10	0.30	正向
PARTY	是否党员	受访者是党员，则为1，否则为0	0.16	0.37	正向
CAREER	职业	2011年干活则为1，否则为0	0.91	0.28	正向
INCOME	家庭人均收入水平	2011年家庭人均累计按月发的现金收入、不按月发的现金收入和累计实物报酬之和	14.89	16.70	正向
HOUSE	家庭居住面积	家庭现有住宅建筑面积	145.75	95.29	正向
SERVICE	是否提供垃圾处理服务	村里是否派人收集垃圾，是为1，否为0	0.34	0.48	正向

第三节　农户生活垃圾处理的支付意愿实证研究

根据研究目的，实证可分为三部分：①样本特征分析，即无支付意愿、低支付意愿及高支付意愿组中，农户的特征存在哪些显著差异；②农户生活垃圾处理服务的支付意愿概率方程估计，即农户是否愿意为生活垃圾付费及其影响因素；③农户支付意愿水平方程估计，即农户愿意为生活垃圾处理付费多少及其影响因素。

一、样本特征分析

根据本书采用的设问形式，可将受访者分为三组：高支付意愿组，即接受初始价格（5元）的受访者，其WTP=5，本组样本共1293个；低支付意愿组，即接受较低价格（2元）的受访者，其WTP=2，本组样本共147个；无支付意愿组，即无论是初始价格还是较低价格均不接受的受访者，其WTP=0，本组样本共509个。下面将对各组样本特征做详细分析。

表 4-2　样本分组特征

组别①	比例（%）	AWARE	AGE	EDUCA	LEADER	PARTY	CAREER	INCOME②	HOUSE	SERVICE
1	66.34	2.83	53.70	7.18	0.12	0.18	0.92	15.66	149.51	0.37
2	7.54	2.58	55.96	6.59	0.07	0.15	0.86	15.00	145.53	0.26
3	26.12	2.36	55.78	6.11	0.07	0.11	0.92	12.8	136.31	0.29

注：①组别1为高支付意愿组（WTP=5），组别2为低支付意愿组（WTP=2），组别3为无支付意愿组（WTP=0）；②为方便计算，家庭人均收入的单位为千元。

从样本分组特征来看，高支付意愿组变量特征表现最为突出。高支付意愿组具有最高的环境意识2.83分，以百分制计算为56.6分，接近及格；具有最低的年龄（平均值为53.70岁）；具有最高的受教育程度（平均值为7.18年）；具有更高比例的领导人和党员（12%和18%）；92%的受访者在2011年工作过；具有最高的家庭人均收入水平（15.66千元）；同时，该组受访者的平均居住面积最大，为149.51平方米；并且有37%的受访者享受过村里提供的垃圾收集服务。

从样本分组特征可以看出各自变量与支付意愿之间的相关关系。如环境意识、受教育程度、是否是村领导、是否是党员、家庭人均收入水平、家庭居住面积和是否提供垃圾收集服务与支付意愿之间有正向相关关系，与之前的预期一致；年龄与支付意愿之间有负向相关关系，与之前的预期一致；而职业与支付意愿之间的关系不明确。对于各变量具体的作用方向及是否显著，接下来将通过Logit回归进行定量分析。

二、支付意愿概率方程估计

该部分实证主要研究农户对于生活垃圾处理是否愿意支付费用及其影响因素，按照问卷设计，实证部分包括两部分，是否愿意支付5元的影响因素和是否愿意支付2元的影响因素，由于该模型中的因变量为离散变量，故使用Logit回归方法进行分析，具体结果见表4-3。

表 4-3　支付意愿概率方程 Logit 回归结果

变量	模型1（WTP=5）		模型2（WTP=2）	
	系数	边际效应	系数	边际效应
AWARE	0.191***（4.96）	0.040***（5.08）	0.135*（1.83）	0.023*（1.84）
AGE	−0.013**（−2.31）	−0.002**（−2.32）	−0.002（−0.16）	−0.003（−0.16）
EDUCA	0.041**（2.50）	0.008**（2.52）	0.040（1.24）	0.007（1.25）
LEADER	0.252（1.32）	0.053（1.32）	−0.177（−0.45）	−0.030（−0.45）
PARTY	0.393**（2.47）	0.083**（2.49）	0.412（1.39）	0.070（1.39）
CAREER	−0.110（−0.58）	−0.023（−0.58）	−0.948***（−2.93）	−0.160***（−2.99）
INCOME	0.001（1.62）	0.0003（1.63）	0.002（1.13）	0.0003（1.14）
HOUSE	0.027（1.61）	0.006（1.61）	0.025（0.80）	0.004（0.80）
SERVICE	0.214*（1.86）	0.045*（1.87）	−0.398*（1.69）	−0.067*（−1.70）
江苏省	0.456***（2.62）	0.096***（2.64）	0.245（0.72）	0.041（0.72）
吉林省	0.225（1.38）	0.047（1.38）	−0.108（−0.32）	−0.018（−0.32）
陕西省	0.062（0.38）	0.013（0.38）	0.081（0.26）	0.014（0.26）
四川省	−0.090（−0.54）	−0.019（−0.54）	0.224（0.74）	0.038（0.74）
常数项	0.019（0.04）	—	−1.344（−1.44）	—
卡方值	107.07***	—	20.55*	—

注：*** p<1%; ** p<5%; * p<10%

表4–3不仅报告了Logit回归分析的结果，并给出了变量的边际效应结果。从Logit回归结果中可以看出，模型1中，环境意识与农户是否愿意支付5元的生活垃圾处理服务费用之间存在显著的正相关关系（z=4.96，p<1%），即农户的环境意识越高，越愿意支付5元的生活垃圾处理费用；值得注意的是，在第4章的分析中，环境意识与居民的生活垃圾收集行为之间不存在相关关系，说明我国农村居民已经意识到环境问题的重要性和严重性，但并未表现出积极的环境行为。边际效应说明当农户环境意识处于其均值水平（2.67）时，环境意识每提高1分，农户愿意支付5元的生活垃圾处理费用的概率将提高4%。

年龄与农户是否愿意支付5元的生活垃圾处理费用之间存在显著的负相关关系（z=–2.31，p<5%），即年龄越大的农户，越倾向于不支付费用，这与预期方向一致。结合边际效应分析，当农户处于其平均年龄（54.41）时，农户的年龄每增加1岁，其为生活垃圾处理服务付费5元的可能性将下降0.2%。

受教育程度与农户是否愿意支付5元的生活垃圾处理费用之间存在显著的正相关关系（z=2.50，p<5%）。结合第4章的结论，说明教育尤其是环境教育在提高农村居民环境意识、改善环境行为方面的重要性。边际效应分析说明，当前农户的平均受教育程度为6.85年，约相当于初中一年级的水平，每增加1年的受教育时间，其为生活垃圾处理付费5元的可能性将提高0.8%。

是否为党员与农户是否愿意支付5元的生活垃圾处理费用之间存在显著的正相关关系（z=2.47，p<5%），说明党员在日常生活中，确实更注重自身的引领示范作用。而边际效应说明，当前党员比例为16.0%，每增加1个百分点的党员，则农户为生活垃圾处理付费5元的可能性将提高8.3%。

是否提供生活垃圾处理服务与农户是否愿意支付5元的生活垃圾处理费用之间存在显著的正相关关系（z=1.86，p<10%），通过频率分析可知，目前34%的农户已经获得生活垃圾收集服务。可能的解释是，已经享受到

垃圾收集服务的农户则愿意继续保持这种服务；没有享受到生活到垃圾收集服务的农户，由于其环境意识较高，已经意识到生活垃圾处理服务可能带来的好处而更愿意支付费用。结合边际效应分析，在提供生活垃圾处理服务处于其均值（34%）时，每提高1个百分点，则其为生活垃圾处理付费5元的可能性将提高4.5%。

除上述因素外，是否为村领导、职业、家庭人均收入水平及家庭居住面积与农户是否愿意支付5元的生活垃圾处理费用之间不存在显著相关关系。除自变量外，还将省份虚拟变量作为控制变量加入模型中，进一步确保模型的准确性和稳定性。卡方结果显示，模型整体具有显著性。

模型2中，环境意识与农户是否愿意支付2元生活垃圾处理费用之间存在显著正相关关系（z=1.84，p<10%），其边际效应说明，该组农户环境意识处于均值（2.41）时，环境意识每提高1个单位，农户可能支付的概率将提高2.35%。该结论与模型1一致。值得注意的变量有两个：职业和是否提供生活垃圾处理服务的影响。

职业与农户是否愿意支付2元生活垃圾处理费用之间存在显著负相关关系，这与预期方向相反。模型1中也显示职业与农户是否愿意支付之间存在负相关关系，只是未表现出显著性，可能的解释是，中国农村居民秉持节约的传统，没有为公共产品尤其是环境类公共产品付费的习惯。其边际效应较大，即当农户平均干活的比例为90%时，每提高1个单位的干活比例，则其愿意支付2元生活垃圾处理费用的概率将下降16%。

是否提供生活垃圾处理服务与农户是否愿意支付2元生活费用之间存在显著负相关结果，与模型1的结论相反。考察模型2的样本来源，占比最高的两个省份分别是四川（21.95%）和河北（23.48%）；黄开兴等的调查结果表明，四川省78%的村庄提供了生活垃圾处理设施，但垃圾箱、垃圾池和垃圾房的每村设施数量较少。[①]2012年的调研中，河北省享受到生活

① 黄开兴，王金霞，白军飞，等. 农村生活固体垃圾排放及其治理对策分析［J］. 中国软科学，2012（9）：75.

垃圾处理服务的村民比例仅为14.18%，根据王金霞的调研，2009年河北省仅有5%的村庄提供了生活垃圾处理设施[①]。从上述数据可以看出，未享受过生活垃圾处理服务及服务质量不足导致样本农户对环境类公共产品的信任度缺乏，从而具有较低的支付意愿。

三、支付意愿水平方程估计

以农户对生活垃圾处理的支付意愿为连续变量，通过回归分析影响其支付水平的因素。为体现区域差异性，一方面构建了整体模型，并在模型中加入省份虚拟变量，消除地区差异；另一方面给出了各省份的农户支付意愿影响因素的实证回归结果，试图明确在不同经济条件、地理条件下，农户支付意愿的影响因素存在哪些不同。结果如表4-4所示。

表 4-4　支付意愿水平回归结果

变量	整体模型	河北	江苏	吉林	陕西	四川
AWARE	0.197*** （5.32）	0.343*** （3.99）	0.173** （2.29）	0.163** （1.96）	0.167* （1.92）	0.185** （2.07）
AGE	−0.013** （−2.40）	−0.021* （−1.76）	−0.022* （−1.85）	0.002 （0.18）	−0.032** （−2.41）	0.015 （1.09）
EDUCA	0.046*** （2.76）	−0.001 （−0.00）	0.060* （1.93）	0.085* （1.92）	0.001 （0.02）	0.106*** （2.66）
LEADER	0.204 （1.16）	0.366 （0.85）	−0.454 （−0.88）	0.107 （0.35）	0.345 （0.80）	0.604 （1.41）
PARTY	0.369** （2.50）	0.290 （0.99）	0.384 （1.27）	0.563 （1.53）	0.804** （2.21）	−0.022 （−0.06）
CAREER	−0.223 （−1.18）	−0.788* （−1.75）	−0.209 （−0.49）	0.101 （0.27）	−0.307 （−0.66）	0.047 （0.11）
INCOME	0.001* （1.87）	0.004** （2.16）	0.001 （0.70）	−0.001 （−0.11）	0.001 （0.09）	0.002 （1.23）
HOUSE	0.028* （1.81）	−0.046 （−1.17）	0.029 （0.95）	0.072* （1.84）	−0.032 （−0.86）	0.111*** （3.29）

① 王金霞，李玉敏，白军飞，等．农村生活固体垃圾的排放特征、处理现状与管理［J］．农业环境与发展，2011，28（2）：2.

续表

变量	整体模型	河北	江苏	吉林	陕西	四川
SERVICE	0.153 （1.38）	0.159 （0.48）	0.188 （0.87）	−0.176 （−0.72）	0.315 （1.23）	0.233 （0.93）
省份	控制	—	—	—	—	—
常数项	2.827*** （5.69）	4.383*** （3.91）	3.742*** （3.65）	1.538 （1.52）	4.938*** （4.34）	−0.590 （−0.48）
R^2值	0.0578	0.0867	0.0602	0.0468	0.0567	0.0880
P（F）	0.000	0.000	0.007	0.035	0.011	0.000

注：*** p<1%; ** p<5%; * p<10%

整体模型的显著性较好［$P(F)<1\%$］，拟合优度为5.78%。影响因素中，环境意识（$t=5.32$，$p<1\%$）、受教育程度（$t=2.76$，$p<1\%$）、是否为党员（$t=2.50$，$p<5\%$）、家庭人均收入水平（$t=1.87$，$p<10\%$）、家庭居住面积（$t=1.81$，$p<10\%$）与农户的支付意愿之间存在显著正相关关系，年龄与农户的支付意愿之间存在显著负相关关系（$t=-2.40$，$p<5\%$）。农户环境意识越高，越愿意为生活垃圾处理服务付费，且支付的金额更高；受教育程度越高，农户具有更多的环境知识，也更愿意为生活垃圾处理付费；农户是党员，在农村生活中具有引领示范作用，更愿意为生活垃圾处理服务付费；年龄越大的农户，越不愿意付费，其支付意愿更低。

值得注意的变量有2个，即家庭人均收入和家庭居住面积。家庭人均收入水平越高，其支付意愿越高，这与已有研究结论一致，说明农户随着家庭收入的增长，已经意识到生活垃圾所造成的危害，从而愿意为生活垃圾处理服务付费；或者仅仅是因为家庭收入的增加而忽略金额较小的生活垃圾处理费用。家庭居住面积与农户的支付意愿之间存在显著正相关关系，家庭居住面积不仅代表家庭的资产状况，也代表家庭的人口规模；家庭居住面积越大，产生越多的生活垃圾，农户面临着生活垃圾处理的压力，因此更愿意为生活垃圾处理服务付费。

从分省份的角度看，江苏省位于我国东部沿海地区，2012年江苏省人均GDP为74607元，居全国第4位，因此将江苏省作为东部发达省份的代表。从回归结果中可以看出，模型的整体显著性较好［$P(F)<10\%$］，拟合优度为6.02%。各解释变量中，受教育程度（$t=1.93$，$p<10\%$）、环境意识（$t=2.29$，$p<5\%$）与农户的支付意愿之间存在显著正相关关系；年龄（$t=-1.85$，$p<10\%$）与农户的支付意愿之间存在显著负相关关系。通过分析原始数据可知，在5个样本省份中，江苏省样本农户的受教育程度最高（7.56年），环境意识较低（其中，江苏省平均得分2.65分，河北省平均得分2.68分，四川省2.73分，陕西省2.85分），加上江苏省已经建设较为完善的农村生活垃圾处理体系，因此受教育程度和环境意识对农户的支付意愿影响较大。

吉林省位于我国东北地区，2012年吉林省人均GDP为47191元，居全国第11位，将吉林省作为我国东北地区省份的代表。从回归结果中可以看出，模型的整体显著性较好［$P(F)<5\%$］，模型的拟合优度为4.68%。各解释变量中，环境意识（$t=1.96$，$p<5\%$）、受教育程度（$t=1.92$，$p<10\%$）和家庭居住面积（$t=1.84$，$p<10\%$）与农户的支付意愿之间存在显著正相关关系。通过分析原始数据可知，吉林省样本农户的环境意识为2.52，在5个样本省份中最低；受教育程度为7.74，处于较高水平；平均家庭居住面积为107平方米，在5个样本省份中面积最小。

陕西省位于我国西北地区，2012年陕西省人均GDP为42692元，居全国第13位，因此将陕西省作为我国西北地区经济状况中等省份的代表。从回归结果中可以看出，模型的整体显著性较好［$\mathrm{P}(\mathrm{F})<5\%$］，模型的拟合优度为5.67%。各解释变量中，受教育程度（$t=1.92$，$p<10\%$）、是否为党员（$t=2.21$，$p<5\%$）与支付意愿之间存在显著正相关关系；年龄与支付意愿之间存在显著负相关关系（$t=-2.41$，$p<5\%$）。通过分析原始数据可知，陕西省样本农户的环境意识最高（2.84），14%的受访者为党员，年龄最为年轻（平均年龄为51.01岁）。

河北省位于我国东部地区，2012年人均GDP为38716元，居全国第17位，因此将河北省作为我国东部欠发达省份的代表。从回归结果中可以看出，模型的整体显著性较好［P（F）<10%］，模型的拟合优度为8.67%。各解释变量中，环境意识（t=3.99，p<1%）、家庭人均收入水平（t=2.16，p<5%）与农户的支付意愿之间存在显著正相关关系；年龄（t=−1.76，p<10%）和职业（t=−1.75，p<10%）与农户的支付意愿之间存在显著的负相关关系。分析其原始数据发现，河北省样本农户的环境意识较高（2.68），仅次于陕西省和四川省；加之农村生活垃圾处理的基础设施和服务较为缺乏，因此，对生活垃圾处理服务付费的影响更为强烈。河北省样本农户的平均年龄为55.60岁，样本农户的家庭人均收入为11.8千元，在5个样本省份中最低，91.6%的样本受访者工作过。

四川省位于我国西南地区，2012年人均GDP为32454元，居全国第25位，因此将四川省作为我国西南地区欠发达省份的代表。从回归结果中可以看出，模型的整体显著性较好［P（F)<1%］，模型的拟合优度为8.80%。各解释变量中，环境意识（t=2.07，p<5%）、受教育程度（t=2.66，p<5%）和家庭居住面积（t=3.29，p<1%）与支付意愿之间存在显著正相关关系。考察其原始数据，四川省样本农户的环境意识得分为2.73分，仅次于陕西省，样本农户受教育程度最低（5.50年），同时四川省样本农户具有最高的家庭居住面积（185平方米）。

从整体模型和分省份模型中可以看出，环境意识是影响农户支付意愿最为普遍的因素，年龄和受教育程度等个人特征因素对支付意愿的影响也较为普遍。该结论的启示是，加强对农村居民，尤其是年轻居民的环境教育，提高其环境意识，提高其支付意愿，从而为农村现行的生活垃圾管理体系提供更多的资金来源和解决途径。

第四节　对支付意愿的进一步分析

在研究支付意愿概率的影响因素及支付意愿影响因素后，将进一步估算农户的支付意愿货币值，并从农户角度进行福利分析，并从宏观角度对农村生活垃圾处理服务进行成本—效益分析。

一、支付意愿测算

按照模型设定部分的支付意愿测算估计，对全国及各省份样本农户生活垃圾处理服务的支付意愿（*WTP*）的估计，则可使用加权平均进行计算，计算公式如下：

$$E(WTP)=E(WTP \mid WTP>0)*P_r(WTP>0)+0*(P_r(WTP=0))$$

表 4-5　全国及 5 个样本省农户支付意愿测算结果

	全国		河北		江苏		吉林		陕西		四川	
	样本量	比例（%）	样本量	比例（%）	样本量	比例（%）	样本量	比例（%）	样本量	比例（%）	样本量	比例（%）
0	509	26.12	112	28.21	74	19.42	98	24.94	109	27.74	116	30.13
2	147	7.54	32	8.06	23	6.04	24	6.11	30	7.63	38	9.87
5	1293	66.34	253	63.73	284	74.54	271	68.96	254	64.63	231	60.00
WTP	3.4678		3.3477		3.8478		3.5702		3.3841		3.1974	

根据测算结果（见表4-5），对于生活垃圾处理服务的支付意愿，江苏省农户的支付意愿最高，为每户每月3.8478元，每年约46.2元；吉林省次之，农户的支付意愿为每户每月3.5702元，每年约42.8元；陕西省居第3位，农户的支付意愿为每户每月3.3841元，每年约40.6元；河北省居第4位，农户的支付意愿为每户每月3.3477元，每年约40.2元；四川省农户的支付意愿最低，为每户每月3.1974元，每年约38.4元。从全国范围来看，农户生活垃圾处理的支付意愿为每户每月3.4678元，每年约41.6元。以人均GDP衡量经济发展水平，可以看出，农户年支付意愿与经济发展水平之间呈现正相关关系，即经济发展水平越高，农户对于生活垃圾处理的支付意愿越高。但仅从*WTP*的绝对值来看，并不能说明什么问题，接下来将结合2012年农村居民人均纯收入及*WTP*占其比重说明农户对生活垃圾处理

服务的需求。

二、农村居民生活垃圾处理服务的需求分析

表4-6列出了2012年各样本省份农村居民人均纯收入，并测算了WTP值在农村居民人均纯收入中所占的比重，从测算结果可以看出，WTP值在农村居民人均纯收入中所占的比重范围是0.38%～0.70%，其中陕西省农户支付意愿占2012年农民人均纯收入的比重最高，约0.7%，江苏省农户支付意愿占2012年农民人均纯收入的比重最低，约0.38%。

表4-6 WTP占比分析

	2012年人均GDP（元）	全国排名	WTP每年（元）	2012年农村居民人均纯收入（元）	WTP占比（%）
江苏	74607	4	46.2	12202	0.38
吉林	47191	11	42.8	8598	0.49
陕西	42692	13	40.6	5762	0.70
河北	38716	17	40.2	8081	0.50
四川	32454	25	38.4	7001	0.55

根据供需理论，当农户对生活垃圾处理服务需求越大时，其支付意愿越高，在总收入中所占的比重越大。WTP值在西北地区、西南地区及东部欠发达地区所占的比重较大，说明这些地区的农户对生活垃圾处理服务的需求更为强烈。同样可以看到，即使江苏省农村居民的支付意愿货币量最高，但其占比较小，说明当地农户对生活垃圾处理服务的需求较小；也可能是由于江苏省本身属于东部发达省份，已经具有完善的农村生活垃圾处理服务设施，从而农户的需求较小。

对比国外学者的研究结论，本书的测算结果与Othman的测算结果①较为接近（马来西亚居民生活垃圾处理服务的支付意愿占总收入的比重

① OTHMAN J. Household preferences for solid waste management in Malaysia [R]. Eepsea Research Report, 2003: 45.

为0.6%～0.9%），高于Bluffstone和Deshazo的研究结果[①]（针对立陶宛居民的垃圾处理服务所测算的支付意愿占总收入比重的0.1%），但低于Lal和Tokau的测算结果[②]（针对汤加居民的垃圾管理所测算的支付意愿占总收入比重范围为1.6%～3.1%）。对比国内学者的研究结论，本书所测算的WTP值与梁增芳等的研究结论较为接近，[③]也印证了已有的研究结论，即我国农村居民生活垃圾处理服务的支付意愿，为每年10～100元，占农村居民家庭收入的比例为0.1%～1%，说明本章的测算结果较为合理。

三、福利分析

WTP的均值或中位数可作为福利效应测度。福利计量代表农户每个月愿意为生活垃圾处理服务所支付的货币量，即农户愿意每月为生活垃圾处理服务支付费用为3.4678元，每年愿意支付的总费用为41.6元。

支付意愿的测度结果可以作为政策制定者收费的依据。从现有农村生活垃圾管理体制来看，仅依靠政府力量治理农村生活垃圾显然存在不足，需要村委会、上级政府及市场的多方共同努力；而依靠市场的力量，则需要了解农户的需求及支付意愿。黄开兴等将农村生活垃圾管理模式分为4大类，分别是村领导模式、保洁公司管理模式、乡镇及以上政府管理模式和承包给个人管理模式，其中保洁公司管理模式和承包给个人管理模式一涉及市场运营，就需要农户支付一定的费用，WTP则为收费规则的制定提供了依据。

---

① BLUFFSTONE R，DESHAZO J R. Upgrading municipal environmental services to European Union levels：a case study of household willingness to pay in Lithuania［J］. *Environment & Development Economics*，2003，8（4）：646.

② LAL P，TAKA' U L. Economic costs of waste in Tonga［R］. A report prepared for the IWP–Tonga，SPREP and the Pacific Islands Forum Secretariat，Apia，Samoa. 2006：22.

③ 梁增芳，肖新成，倪九派. 三峡库区农村生活垃圾处理支付意愿及影响因素分析［J］. 环境污染与防治，2014，36（9）：105.

四、成本—效益分析

来自国外发展中国家和国内学者的研究均表明，农户生活垃圾处理服务的支付意愿较低，在成本—效益分析中，相对于垃圾处理和垃圾管理成本，农户的支付意愿较低，在不同的国家和地区，其对成本涵盖的范围不同，为20%～90%。本书试图通过宏观数据如农村生活垃圾财政投入等指标与支付意愿的收益相比较，但未找到相关数据。各省在治理农村生活垃圾问题时，均通过“由上而下”的财政拨款进行，因此无法获得各省进行生活垃圾处理服务的相关宏观数据。

如前所述，中国农村生活垃圾处理服务的管理处在起步阶段，多数省份还未完善其生活垃圾收集设施或服务。因此，从现实出发，将支付意愿视为农户对生活垃圾处理服务的基本需求，并将其作为收益，在收集全国及5个样本省份的乡村人口及乡村户数后，简要估计生活农村居民对生活垃圾处理服务的需求，即如果提供生活垃圾处理服务设施后，可能产生的收益。

表4-7　生活垃圾处理服务总收益估算结果

	乡村人口数（万人）[①]	平均每户人数[②]	户数	WTP	总收益（万元）
中国	64222	3.02	21265.563	41.6	884647.4172
河北省	3877	3.26	1189.2638	40.2	47808.40491
吉林省	1273	2.88	442.01389	42.8	18918.19444
陕西省	1876	3.56	526.96629	40.6	21394.83146
四川省	4561	2.97	1535.6902	38.4	58970.50505
江苏省	2930	2.85	1028.0702	46.2	47496.84211

从成本—效益的角度出发，按照本书所测算的支付意愿，在农村提供了生活垃圾处理服务或设施后，可能产生的收益高达885亿元人民币。对

① 本列数据来源于《中国统计年鉴（2013）》，中国统计出版社2013年9月出版。

② 本列数据来源于《中国统计年鉴（2013）》，需要说明的是，平均每户人数是指该省的平均每户人数，并未区分城市和乡村，但由于无法获得乡村平均每户人数，因此使用了该省份的平均每户人数。

比我国农村生活垃圾处理的投资，2012年用于农村环境保护的资金是55亿元人民币；2014年农村投入环境卫生的资金达到169.9亿元。有学者研究表明，我国政府对农村生活垃圾治理的资金投入正在以每年20%的速度增长，但相对于面积广阔的农村土地以及可能产生的巨大收益，目前的投资力度仍需增大。从需求的角度看，支付意愿也表达了农户对于生活垃圾处理服务的基本需求，相对于庞大的需求，目前的投资额仍然过低。

从各省份来看，各省份之间支付意愿所带来的收益和需求存在着不同。如四川为农业大省，乡村人口比重较大，因此最终的测度值高于其他省份；而吉林省和陕西省，由于乡村人口较少，最终的测度值要低于其他省份。由于本章测度的是各省份农户对于生活垃圾处理服务和实施的收益及需求，区域内农业人口所占比重及家庭规模显著影响最终的测算结果，但结果仍不失其真实性，能够为政策制定提供理论依据和数据参考。

第五节　本章小结

在数据说明和样本描述的基础上，本章主要研究了农户生活垃圾处理的支付意愿，具体来看，主要研究结论包括以下四点。

第一，从效用理论出发，结合价值信念理论，本书构建了支付意愿影响因素模型，结合理论分析给出具体的解释变量，并就变量的预期作用方向做了简要阐述。在此基础上，简要通过描述性统计描述了样本的基本特征。

第二，以Logit回归和边际效应分析，构建了是否愿意支付5元/2元的支付意愿概率方程，结果显示，环境意识、受教育程度、是否为党员、是否提供生活垃圾处理服务等变量与农户是否愿意支付5元用于生活垃圾处理之间存在显著正相关关系；年龄与农户是否愿意支付5元用于生活垃圾处理之间存在显著负相关关系。与5元模型不同的是，在是否愿意支付2

元用于生活垃圾处理的概率方程中，环境意识显著正向影响农户的支付意愿概率；而职业和是否提供生活垃圾处理服务则与农户的支付意愿概率之间存在显著负相关关系。

第三，以支付意愿作为连续变量，构建了整体模型和5个样本省份的分模型，研究支付意愿的影响因素。尽管各个模型的影响因素不尽相同，但依然可以得出一些具有普遍性的结果。综合来看，环境意识是影响农户生活垃圾处理服务支付意愿的最普遍因素，受教育程度和年龄也与农户的支付意愿之间存在显著相关关系。在推动农户亲环境行为和改善农村生活环境过程中，可通过加强对年轻人的环境教育，提高农户的环境意识。

第四，对支付意愿的进一步分析中，本章测度了支付意愿的具体货币值，全国样本农户对于生活垃圾处理的支付意愿平均值为每月每户3.4678元，每年约41.6元，各省农户的支付意愿与经济发展水平之间呈现正向相关关系。结合需求分析，我国农户生活垃圾处理的支付意愿占其总收入的比重在0.38%～0.70%，并且西北地区、西南地区等欠发达省份对生活垃圾处理服务的需求最为迫切。最后对支付意愿做了福利分析和成本—效益分析，结果显示农户对农村生活垃圾处理服务的需求较为迫切，而目前的财政投资远无法满足农户的需求。

本书的局限性在于，由于使用了二分选择法的设问形式，可能存在“起点偏差”的问题，即农户有着比5元更高的环境意识，但由于问卷的设问形式而无法表现出来。因此，在随后的跟踪调查中，笔者将进一步调整设问形式，并适当提高支付意愿的标的。

第五章　农村生活垃圾处理服务供给实证研究

第一节　样本说明和调查内容

本章所采用的数据同样来源于2012年在全国范围内的抽样调查数据，同样采取分层逐级抽取和随机抽样相结合的方法。首先，在全国范围内抽取江苏、四川、陕西、吉林和河北等5个省份；其次按照人均工业总产值进行等距随机抽取，每个省抽取5个县；最后，在每个县抽取2个乡，每个乡抽取5个村。最终获得5个省，25个县、50个乡中的101个村的数据。

与之前章节不同的是，本章的研究视角是从村级出发，所采用的问卷及数据都来自村干部问卷。村干部问卷的调研内容共包含两个部分：①垃圾收集、清运与处理，包括本村是否雇人收垃圾、垃圾收集方式、费用来源，垃圾是否运送到垃圾处理厂、距离、费用，及垃圾最终的处理方式等信息；②村社会经济情况，包括村基本情况、土地情况、劳动力情况、地理位置及自然环境等基本信息。村干部问卷一般由村书记、村主任或会计回答完成。

为保证数据结果的稳健性，在影响因素的实证分析中，本章还将2008年的同样数据纳入分析范围，由于该项调查是连续进行的，历年问卷问题、样本选择等具有一致性。因此，农村生活垃圾处理服务的影响因素实证分析中，使用的数据共包含2年202个村庄的信息。

第二节 农村生活垃圾处理服务供给现状

对农村生活垃圾处理服务供给现状的分析需要注意以下方面：①本节分析内容仅针对2012年调研样本村进行。②由于问卷中题目设置是递进性质的，即在询问完村里是否提供了生活垃圾收集设施后，再询问是否提供了垃圾的运送服务。根据垃圾处理的程序，假定能够提供生活垃圾运送服务的村庄一定提供了生活垃圾收集设施，因此，本章样本村使用的是提供了生活垃圾运送服务的村庄，即46个样本村。③由于受样本数量限制，仅对已有数据进行描述性统计，不进行实证分析。

一、垃圾收集方式

垃圾收集形式包括挨家挨户收、在指定垃圾堆放点收及定时摇铃收垃圾等形式，根据Chung和Poon的研究结论，对居民而言，最方便的垃圾收集形式是挨家挨户收集垃圾。[①]根据统计数据，在已经提供生活垃圾运送服务的村里，只有1个样本村采用了挨家挨户收集生活垃圾的形式。44个样本村采用了在指定垃圾堆放点收集生活垃圾的形式，占比为95.96%，可见指定堆积点收垃圾依然是我国农村生活垃圾收集的最主要形式；而指定垃圾堆放点收集主要依靠村里所修建的垃圾池、垃圾桶、垃圾台及垃圾房等多种形式的基础设施，因此，完善相应的垃圾收集设施成为目前农村生活垃圾管理的重点。除此之外，还有1个村采用了“哪里有垃圾哪里收”的形式，该形式更接近Chung和Poon所提出的摇铃收垃圾的形式，也是被视为最不方便的一种形式。

表5–1 样本村垃圾收集方式频率分布

垃圾收集方式	样本村数量	频率	累计频率
挨家挨户收	1	2.17	2.17

① CHUNG S S, POON C S. A comparison of waste-reduction practices and new environmental paradigm of rural and urban Chinese citizens [J]. *Journal of Environmental Management*, 2001, 62 (1): 9.

续表

垃圾收集方式	样本村数量	频率	累计频率
在指定垃圾堆放点收	44	95.96	97.83
其他方式[①]	1	2.17	100.0

注：①是指哪里有垃圾哪里收，没有固定的堆放点。

二、垃圾收集点数量分析

从表5-2中可以看出，江苏省20个样本村中，15个样本村采用了指定垃圾堆放点收集生活垃圾的形式，比例达80%，其中每村平均垃圾堆放点数量为47.13个，每百人堆放点数量达2.54个。四川省20个样本村中，仅有8个样本村采用了指定垃圾堆放点收集生活垃圾的形式，比例为40%，每村平均垃圾堆放点数量为9.88个，每百人垃圾堆放点数量为0.53个。陕西省20个样本村中，仅有8个样本村采用了指定垃圾堆放点收集生活垃圾的形式，比例为40%，每村平均垃圾堆放点数量为3.25个，每百人垃圾堆放点数量为0.46个。吉林省20个样本村中，仅有8个样本村采用了指定垃圾堆放点收集生活垃圾的形式，比例为40%，每村平均垃圾堆放点数量为6.5个，每百人垃圾堆放点数量为0.33个。河北省20个样本村中，仅有5个样本村采用了指定垃圾堆放点收集生活垃圾的形式，比例为25%，每村平均垃圾堆放点数量为5.4个，每百人垃圾堆放点数量为0.48个。

表5-2　垃圾堆放点数量分布

省份	样本数量	每村数量	最小值	最大值	每百人堆放点数量
江苏	15	47.13	2	100	2.54
四川	8	9.88	1	27	0.53
陕西	8	3.25	1	8	0.46
吉林	8	6.5	1	30	0.33
河北	5	5.4	1	18	0.48
整体	44	22.25	1	100	—

从整体样本来看，44个采用指定垃圾堆放点收集垃圾的样本村里，平

均每村拥有垃圾堆放点数量为22.25个，其取值范围为1～100个；每村平均垃圾堆放点数量在各省之间存在显著差异，同时每百人堆放点数量在各省份之间也存在显著差异。每村平均垃圾堆放点最多的江苏省（47.13个），每村平均垃圾堆放点最少的是陕西省（3.25个），其差距达14.5倍；每百人堆放点数量最多的省份同样是江苏省（2.54个），最少的省份是吉林省（0.33个），两者差距将近8倍。这说明了我国各省份由于地理位置不同、区域经济发展水平不同而导致的农村环境基础设施供给存在着较大差距。

三、垃圾收集费用分析

无论采用何种方式收集生活垃圾，都会产生相关的费用。从提供生活垃圾运送服务的46个样本村来看，平均每个村每年要花费13240元用于垃圾收集；而垃圾收集费用在各省之间存在显著差异，如平均花费最多的是江苏省（20270元），花费最少的是陕西省（4830元），两者的差距达4.2倍。垃圾收集平均费用的不同，一方面反映了当地在修建生活垃圾基础设施投入上的差距，另一方面反映了经济发展状况不同对生活垃圾收集服务的影响。

表5–3　垃圾收集费用描述性统计

省份	样本数量	平均费用	最小值	最大值
江苏	15	20.27	2	110
四川	9	5.8	0.3	12
陕西	8	4.83	0.4	15
吉林	9	15.67	0.1	50
河北	5	14.64	2	40
整体	46	13.24	0.1	110

注：本表中所采用的费用，单位均为千元。

生活垃圾收集的费用来源中，最主要的方式依然是村里（见表5–4），在46个样本村中，26个村（占56.52%）生活垃圾收集的费用来源于村里，说明村及村委会依然是生活垃圾处理服务的主要供给者。随着市场化程度的提高，各地因地制宜提出了多种垃圾管理模式，因此，生活垃圾收集费用来源也呈现出多样化的趋势。如11个村（占比23.91%）的垃圾收集费用来源于乡镇或街道办及以上政府，可能是由于采用了乡镇直接管理村生活垃圾的管理模式；2个村（占比4.35%）采用了村民集资的形式。另外，有7个村（占比15.22%）的生活垃圾费用来源是其他形式，包括村和乡各出一半、市场化管理模式下的环卫公司出资等。

表 5–4　垃圾收集费用来源频率分布

来源	样本村数量	频率	累计频率
村民集资	2	4.35	4.34
村里	26	56.52	60.87
乡镇或街道办及以上政府	11	23.91	84.78
其他①	7	15.22	100.0

注：①表示资金来源包括村里和乡里各出一半、环卫公司出资等。

四、垃圾运送及费用分析

在提供垃圾运送服务的46个样本村中，29个村庄将垃圾运送到垃圾处理厂处理，占比63.04%。17个村庄未将垃圾运送到垃圾处理厂处理，占比为36.96%，其主要的处理方式包括运送到村外掩埋、焚烧，或运送到县城进行无害化处理等。在29个将生活垃圾运送到垃圾处理厂的村庄中，村委会到垃圾处理厂的距离平均为8.69千米。

垃圾运送的费用来源显示（见表5–5），大部分村庄的运送费用来自村里或乡镇政府，其占比分别为44.83%和34.48%，说明在经过了生活垃圾的收集之后，生活垃圾的运送环节依然需要依靠政府的财政支持；其他形式的费用来源包括村和乡各出一半及市场化管理模式下的环卫公司等。

表 5–5　垃圾运送费用来源频率分布

费用来源	样本量	频率	累计频率
村民集资	1	3.45	3.45

续表

费用来源	样本量	频率	累计频率
村里	13	44.83	48.28
乡镇或街道办及以上政府	10	34.48	82.76
其他[①]	5	17.24	100.0

注：①表示资金来源包括村里和乡里各出一半、环卫公司出资等。

第三节　农村生活垃圾处理服务供给实证研究

一、模型设定

农村生活垃圾处理服务供给有多种衡量方式，如是否配备专门的保洁人员、是否有健全的规章制度及资金支持等方面。本书沿用黄开兴等[①]的概念并对其进一步扩展，使用“农村是否有公共垃圾收集设施”“是否提供生活垃圾运送服务”来衡量农村是否提供生活垃圾处理服务。其中，公共垃圾收集设施包括垃圾箱、垃圾池和垃圾台等；垃圾运送服务是指在村庄范围内将生活垃圾收集之后，村是否提供了将其运送的服务，运送的目的地可能是垃圾中转站或其他地方。

对于农村生活垃圾处理服务供给的影响因素，大致可以分为社会经济因素、地理因素、政策因素及村庄特征等。

社会经济因素中，当地经济发展水平及其具体衡量指标如当地工商业发达水平、人均收入水平、当地村民外出务工人数及比例等因素显著影响农村生活垃圾处理服务的供给。叶春辉以5省100个村庄为样本研究农村生活垃圾处理供给的影响因素，实证结果表明，当地工商业越发达，越有可能供给

① 黄开兴，王金霞，白军飞，等. 我国农村生活固体垃圾处理服务的现状及政策效果［J］. 农业环境与发展，2011，28（6）：33.

生活垃圾处理服务；[①]黄开兴等以7省123个村庄为研究样本，结论同样表明，当地工商业较发达，农民人均纯收入水平越高，对生活垃圾处理服务供给有显著正向作用，但务工人员人数对服务供给有负向作用，可能的原因是在外务工人员越多，越难以享受当地生活垃圾处理服务，从而并不关心生活垃圾处理服务的供给；[②]寻舸的研究表明，经济因素是影响农村公共产品供给的重要影响因素。[③]在实践中，诸培新、朱洪蕊通过调研江苏的42个村庄，结论表明，经济发展水平较高的江苏省，能够提供垃圾处理服务的样本村比例达到80.95%；而在北京和浙江省，覆盖率达100%。[④]

地理因素是农村公共产品供给的重要影响因素。地理因素包括村庄规模、村民居住密度、村庄的便利性或可达性、气候、地形等。姚升等使用安徽省57个村庄粮食主产区为样本，认为地理环境能够显著影响农村公共产品的供给，其中，平原村庄、面积大、少数民族人口少等地理特征对农村公共产品的供给有正向作用。[⑤]董晓霞以5省2017个农户为样本，认为村庄所在位置影响农民对公共产品的需求。[⑥]叶春辉认为村庄规模、村民人口居住密度显著影响农村公共产品的供给。[⑦]黄开兴等的研究也表明，人口密度与生活垃圾处理服务之间存在显著正相关关系，[⑧]原因是要素的聚集降低了农村生活垃圾处理服务的生产和管理成本。诸培新、朱洪蕊的实地调研则证明了这一结论，在江苏省的42个样本村，即根据农户居住的集中程度

① 叶春辉.农村垃圾处理服务供给的决定因素分析［J］.农业技术经济，2007(3)：15.

② 黄开兴，王金霞，白军飞，等.我国农村生活固体垃圾处理服务的现状及政策效果［J］.农业环境与发展，2011，28（6）：35.

③ 寻舸.论区位因素对农村公共产品供给的影响［J］.农村经济，2013（3）：8.

④ 诸培新，朱洪蕊.基于江苏省村庄调研实证的农村生活垃圾处理服务现状与对策研究［J］.江苏农业科学，2010（6）：498.

⑤ 姚升，张士云，蒋和平，等.粮食主产区农村公共产品供给影响因素分析——基于安徽省的调查数据［J］.农业技术经济，2011（2）：110.

⑥ 董晓霞，续竞秦.不同特征村庄村民公共项目投资方向偏好比较研究［J］.农业科技管理，2010，29（5）：27.

⑦ 叶春辉.农村垃圾处理服务供给的决定因素分析［J］.农业技术经济，2007(3)：10.

⑧ 黄开兴，王金霞，白军飞，等.我国农村生活固体垃圾处理服务的现状及政策效果［J］.农业环境与发展，2011，28（6）：35.

和规模放置垃圾收集设施，平均20户配一个垃圾桶，垃圾桶之间的平均间距是28米。①

政策因素主要是指来自上级政府的支持，有多个衡量指标，如在县乡以上政府工作的人数、地方政府及环保部门的支持、实施相关项目或工程等。如叶春辉的研究表明，在县乡以上政府工作的人越多，本村越可能提供生活垃圾处理服务；②李君等使用全国195个村庄为样本，研究结果表明地方政府是否支持和县环保部门农村环保工作力度对本乡镇领导干部是否愿意参与农村环境整治有显著影响；③而黄开兴等的研究结果表明，进行农村生活垃圾处理服务供给时，资金来源于上级拨款以及实施“乡村工程”等环境项目，提高了村级的供给能力，对服务供给有主要作用；④张林秀等以全国2459个村庄为研究样本，认为本村在县乡政府工作的人数，以及村领导是否换过人等政策因素显著影响农村公共产品的供给。⑤

村庄特征是影响农村公共产品供给的重要因素，村庄特征可划分为村领导特征和村民特征。村领导特征包括村领导的受教育程度、是否接受过环保培训等；村民特征包括村民受教育程度、村民环境意识和环境知识等特征。针对村领导特征的研究中，李君等认为乡镇领导是否接受过环保培训对乡镇领导参与农村环境整治有显著影响；⑥而姚升认为村干部的受教育程度显著影响农村公共产品的供给。⑦针对村民特征的研究中，叶春辉认

① 诸培新，朱洪蕊. 基于江苏省村庄调研实证的农村生活垃圾处理服务现状与对策研究［J］. 江苏农业科学，2010（6）：498.

② 叶春辉. 农村垃圾处理服务供给的决定因素分析［J］. 农业技术经济，2007（3）：14.

③ 李君，吕火明，梁康康，等. 基于乡镇管理者视角的农村环境综合整治政策实践分析——来自全国部分省（区、市）195个乡镇的调查数据［J］. 中国农村经济，2011（2）：74.

④ 黄开兴，王金霞，白军飞，等. 我国农村生活固体垃圾处理服务的现状及政策效果［J］. 农业环境与发展，2011，28（6）：32.

⑤ 张林秀，罗仁福，刘承芳，等. 中国农村社区公共物品投资的决定因素分析［J］. 复印报刊资料：农业经济导刊，2005（11）：76.

⑥ 李君，吕火明，梁康康，等. 基于乡镇管理者视角的农村环境综合整治政策实践分析——来自全国部分省（区、市）195个乡镇的调查数据［J］. 中国农村经济，2011（2）：74.

⑦ 姚升，张士云，蒋和平，等. 粮食主产区农村公共产品供给影响因素分析——基于安徽省的调查数据［J］. 农业技术经济，2011（2）：110.

为，当地居民受教育程度越高，本村提供垃圾处理服务的可能性越大，原因是村民受教育程度越高，环境意识越高，对生活垃圾处理服务有更多的诉求；①罗万纯使用7省42个村庄及803户农户为研究样本，结论表明公共产品的供给效果主要受环保意识和环保知识、农户家庭需求的影响。②

依据上述分析，本章构建的农村生活垃圾处理服务的供给模型如下：

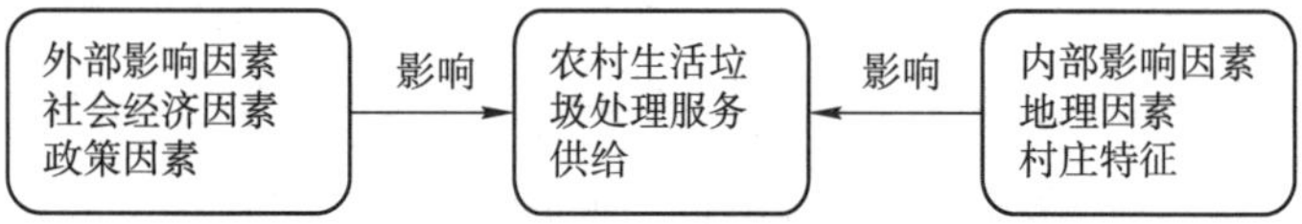

图 5–1　农村生活垃圾处理服务供给模型

在该模型中，农村生活垃圾处理服务供给的影响因素来源于外部影响因素和内部影响因素。外部影响因素包括社会经济因素和政策因素，其中，社会经济因素包括有效灌溉比例、村内企业个数、人均村财务债务、人均收入水平、劳动力外出打工劳动比率；政策因素包括村委会到镇政府的距离、本村出去的在县乡政府工作的人数。内部影响因素包括地理因素和村庄特征，地理因素包括距离最远的两个村民小组之间的距离、村民小组个数、村民居住密度和少数民族所占比例；村庄特征包括村民受教育程度。

综上所述，本章所设定的农村生活垃圾处理服务供给的影响因素包括社会经济条件、政策因素、地理特征及村庄特征，据此构建的模型如下：

$$Y_i = F\left(\alpha + \sum_{j=1}^{4} \beta_j X_{ji} + \varepsilon_i\right)$$

其中，Y_i是农村生活垃圾处理服务供给，包括两部分：村里是否修建生活垃圾堆放池/桶（Y_1）及本村是否定期收集、运送生活垃圾（Y_2）。

两个因变量的关系在于：①两者是农村生活垃圾处理系统中相互衔接的两个阶段。农村生活垃圾从产生到最终的处理包括四个阶段，分别是产生、收集、运送和处置，农户产生生活垃圾，需要将生活垃圾收集并运送

① 叶春辉. 农村垃圾处理服务供给的决定因素分析［J］. 农业技术经济，2007（3）：10.

② 罗万纯. 中国农村生活环境公共服务供给效果及其影响因素——基于农户视角［J］. 中国农村经济，2014（11）：65.

到垃圾中转站；村里是否提供了生活垃圾收集设施对应于生活垃圾的收集行为，而定期收集、运送服务则对应于生活垃圾的运送环节。②村及村委会是生活垃圾管理的主体，村委会负责修建生活垃圾处理设施，并组织人员将垃圾送到指定收集点或运送出村。即使目前各地有多种形式的生活垃圾管理模式，但从总体看，村及村委会依然是生活垃圾处理服务供给的主体，一方面，村委会负责组织人员修建生活垃圾处理设施，配备人员，来自上级政府的财政及政策支持也需要通过村进行；另一方面，我国多地农村生活垃圾处理服务供给仍处在初级阶段，村及村委会在构建生活垃圾处理体系中起到至关重要的作用。

二、变量选取及预期作用方向

本章的因变量包括两个：村里是否修建生活垃圾堆放池/桶（Y_1）和本村是否定期收集、运送生活垃圾（Y_2）；因变量均为虚拟变量，如果村里修建了生活垃圾收集设施，村里定期收集、运送垃圾，则赋值为1；反之，则赋值为0。计量方面，选择Logit回归分析哪些因素会影响到农村生活垃圾处理服务的供给，并区分影响因素对两者作用的不同。

在解释变量中，社会经济条件包括有效灌溉比例（EIGGRA）、村内企业个数（FIRM）、人均村财务债务（DEBT）及劳动力外出打工比率（OUTW）；政策因素包括村委会到镇政府的距离（TOWN）、本村出去在县乡政府工作的人数（WORK）；地理特征包括距离最远的两个村民小组之间的距离（OUTLAY）、村民小组个数（GROUP）及少数民族所占比例（MINA）；村庄特征包括村民受教育程度（EDUCA）。据此，构建的计量模型具体形式如下，其中，∈为随机干扰项。

$$Y_i=\beta_0+\beta_1\text{EIGGRA}+\beta_2\text{FIRM}+\beta_3\text{DEBT}+\beta_4\text{OUTW}+\beta_5\text{TOWN}+\beta_6\text{WORK}+\beta_7\text{OUTLAY}+\beta_8\text{GROUP}+\beta_9\text{MINA}+\beta_{10}\text{EDUCA}+\in$$

（1）有效灌溉比例（EIGGRA）

有效灌溉比例计算公式为有效灌溉耕地面积比总耕地面积。有效灌溉比例衡量的是当地农业发展状况，同时反映了当地的地理环境；①农业发展状况越好，地理环境越舒适，当地的经济发展水平越高。而经济发展水平与农村生活垃圾处理服务供给之间存在显著正相关关系，②因为经济发展较好的地区拥有较好的财政状况，从而更有可能提供生活垃圾处理服务。据此提出假设1：有效灌溉比例与农村生活垃圾处理服务的供给之间存在显著正相关关系。

（2）村内企业个数（FIRM）

村内企业个数来自村干部问卷中的“村里有多少个企业”，由受访的村干部给出；村内企业个数衡量的是村工商业的发达状况，也是衡量当地经济发展水平的重要指标之一。③村内企业个数越多，当地人均收入水平越高，居民对环境的要求提高，具有较高的支付意愿，而更有可能提供生活垃圾处理服务，诸培新、朱洪蕊在江苏省42个农村的调研证明了这一观点④。据此提出假设2：村内企业个数与生活垃圾处理服务的供给之间存在显著正相关关系。

（3）人均村财政债务（DEBT）

人均村财政债务的计算公式是村里债务比上村里总人数（单位为元）；人均村财政债务反映了本村的财政能力，人均村财政债务状况越好，越有可能提供生活垃圾处理服务；但由于各地经济发展状况、发展阶段不同，无法就人均财政债务和生活垃圾处理服务供给之间的关系给出统一的结论。据此提出假设3：人均村财政债务与生活垃圾处理服务供给之间存在显著相关关系。

（4）外出打工比率（OUTW）

外出打工劳动比率等于外出打工的人数与本村劳动力总人数之比，其中外出打工的人数包括两类：在外打工每天往返的人数和在外打工在外居

---

① 叶春辉. 农村垃圾处理服务供给的决定因素分析［J］. 农业技术经济，2007（3）：12.

② 寻舸. 论区位因素对农村公共产品供给的影响［J］. 农村经济，2013（3）：8.

③ 本书并未使用“全年人均纯收入”这一指标来衡量当地的经济发展水平，原因是“全年人均纯收入”与其余解释变量具有严重的共线性，无法纳入模型中；而“村内企业个数”同样具有共线性，本书通过“对中处理”消除共线性。

④ 诸培新，朱洪蕊. 基于江苏省村庄调研实证的农村生活垃圾处理服务现状与对策研究［J］. 江苏农业科学，2010（6）：498.

住的人数。在外打工劳动比率越高，当地人均收入水平越高，也反映了当地的城镇化率。因此，在外打工劳动比例高的村，越有可能提供生活垃圾处理服务。据此提出假设4：外出打工比例与农村生活垃圾处理服务供给之间存在显著正相关关系。

（5）村委会到镇政府的距离（TOWN）

村委会到镇政府的距离由受访村领导给出距离数值（单位为千米）；村委会到镇政府的距离反映了村的地理位置，而地理位置影响农村公共产品供给。[①]距离镇政府越近的村，越有可能接受来自上级政府的资金或政策支持如清洁工程等，其提供生活垃圾处理服务的可能性越大；相反，距离镇政府越远的村，在财政、资金等方面的支持可能被忽略。据此提出假设5：村委会到镇政府的距离与农村生活垃圾处理服务供给之间存在显著负相关关系。

（6）本村出去的在县乡政府工作的人数（WORK）

本村出去的县乡政府工作的人数由“本村出去在镇政府当干部的人数”和“在县政府当干部的人数”加总衡量。在县乡政府工作的本地人越多，越有可能得到来自上级政府的资金或政策支持，越有可能提供生活垃圾处理服务。据此提出假设6：本村出去的在县乡政府工作的人数与生活垃圾处理服务供给之间存在显著正相关关系。

（7）距离最远的两个村民小组之间的距离（OUTLAY）

距离最远的两个村民小组之间的距离由受访的村干部给出，单位是千米。该项指标反映了村庄布局和人口密度，距离越大，农户居住的可能越为分散，人口密度越小；而分散的村庄布局和人口密度将降低生活垃圾处理服务供给的可能性。根据叶春辉的研究，农村居民的居住密度越大，生活垃圾的产生量越大，垃圾的不合理处理更可能造成环境问题，因此农村居民对生活垃圾处理服务的需求越大。[②]据此提出假设7：距离最远的两个

① 董晓霞，续竞秦．不同特征村庄村民公共项目投资方向偏好比较研究［J］．农业科技管理，2010，29（5）：27.

② 叶春辉．农村垃圾处理服务供给的决定因素分析［J］．农业技术经济，2007（3）：15.

村民小组之间的距离与生活垃圾处理服务供给之间存在显著负相关关系。

（8）村民小组个数（GROUP）

村民小组个数由受访的村领导给出。村民小组个数反映了村庄规模，村庄规模越大，生活垃圾的产生量越大，村民对生活垃圾处理服务的需求会越大，越有可能通过筹资形式修建生活垃圾处理设施或要求村里提供相应的生活垃圾处理服务。据此提出假设8：村民小组个数与农村生活垃圾处理服务供给之间存在显著正相关关系。

（9）少数民族所占比例（MINA）

少数民族所占比例的计算公式是少数民族人数与村里总人数之比；少数民族所占比例越高，上级政府在资金、政策等方面的倾斜较为明显，越有可能提供生活垃圾处理服务。据此提出假设9：少数民族所占比重与农村生活垃圾处理服务供给之间存在显著正相关关系。

（10）村民受教育程度（EDUCA）

村民受教育程度的计算公式为：1-（文盲人数①/本村劳动力总人数），因此该指标为正向指标；村民受教育程度与农村生活垃圾处理服务供给之间存在显著正相关关系，②原因在于村民受教育程度越高，环境意识越高，对生活垃圾处理服务有更多的诉求。据此提出假设10：村民受教育程度与农村生活垃圾处理服务供给之间存在显著正相关关系。

表5–6　变量符号、定义及预期作用方向

	变量符号	变量名称	定义	预期作用方向
被解释变量	Y1	村里是否修建生活垃圾堆放池/桶	是赋值为1；否赋值为0	—
	Y2	本村是否定期收集、运送生活垃圾	是赋值为1；否赋值为0	—

① 文盲的定义为不能阅读报纸。

② 罗万纯.中国农村生活环境公共服务供给效果及其影响因素——基于农户视角［J］.中国农村经济，2014（11）：71.

续表

	变量符号	变量名称	定义	预期作用方向
解释变量	EIGGRA	有效灌溉比例	有效灌溉耕地面积/总耕地面积	正向
	FIRM	村内企业个数	—	正向
	DEBT	人均村财政债务	村里债务/村里总人数	不明确
解释变量	OUTW	外出打工劳动比率	外出打工的人数/本村劳动力总人数	正向
	TOWN	村委会到镇政府的距离	—	负向
	WORK	本村出去的在县乡政府工作的人数	本村出去在镇政府当干部的人数加上在县政府当干部的人数	正向
	OUTLAY	距离最远的两个村民小组之间的距离	—	负向
	GROUP	村民小组个数	—	正向
	MINA	少数民族所占比例	少数民族人数/村里总人数	正向
	EDUCA	村民受教育程度	1-（文盲人数/本村劳动力总人数）	正向

三、样本的特征分析

样本的特征分析包括因变量的分布特征和样本的基本情况。因变量的分布特征指2008—2012年农村生活垃圾处理设施供给的分布状况和变化，农村生活垃圾运送服务供给的分布状况和变化；样本的基本情况是对所有自变量进行的描述性统计。

（1）因变量的分布特征

从表5-7可以看出，2008年，提供生活垃圾收集设施如垃圾桶、垃圾台、垃圾池等的村庄有30个，未提供的村庄达71个。2012年，样本村中，提供生活垃圾收集设施的村达到了48个，比2008年增加了18个村庄，上升了60%；但该比例低于黄开兴等于2010年在全国7个省份123村所做的调研，其调研结果显示，58%的村提供了生活垃圾收集设施，42%的村没有提供生活垃圾收集设施。2008年，提供生活垃圾运送服务供给的村庄有30个，未提供的村庄达到71个。2012年，提供生活垃圾运送服务的村庄达到46个，比2008年增加了16个村庄，上升了53.3%。

表5-7　因变量的分布特征

省份	2008年				2012年			
	生活垃圾收集设施		生活垃圾运送服务		生活垃圾收集设施		生活垃圾运送服务	
	有	无	有	无	有	无	有	无
江苏	13	7	12	8	18	2	15	5
四川	4	16	3	17	11	8	9	11
陕西	4	16	4	16	8	12	8	12
吉林	6	15	7	14	8	13	9	12
河北	3	17	4	16	3	17	5	15
合计	30	71	30	71	48	53	46	55

各省在提供垃圾处理服务方面存在着显著差异。从提供生活垃圾收集设施来看，以2012年数据为例，在20个样本村中，江苏省已有18个样本村提供了生活垃圾收集设施，覆盖率达90%；同时，在河北省，仅有3个村提供了生活垃圾处理服务，占比仅为15%；最大差距为6倍。从生活垃圾运送服务供给来看，提供生活垃圾运送服务的村占比最大的仍是江苏省，达75%；而河北省仅有25%的村提供了生活垃圾的运送服务，差距达3倍之多。

（2）样本的基本情况

整体来看，202个样本村庄里，38.8%的村庄提供了生活垃圾收集设施，37.6%的村庄提供了生活垃圾运送服务；村庄平均有效灌溉比例为53.5%，平均拥有4.055个企业，人均村财政债务为96.148元；外出打工劳动的比率为46.3%；村委会到镇政府的平均距离是5.769千米，距离最远的25千米；本村出去的在县乡政府工作的人数平均约为8人；距离最远的两个村民小组的平均距离是2.369千米；村民小组个数平均为6.733个；少数民族所占比例平均为4.9%；村民的受教育程度均值为94.5%，即平均94.5%的村民能够阅读报纸或识字。

表 5-8　描述性统计

变量符号	均值	标准差	最小值	最大值
Y_1	0.388	0.488	0	1
Y_2	0.376	0.486	0	1
EIGGRA	0.535	0.399	0	1
FIRM	4.055	9.353	0	86
DEBT	96.148	181.850	0	945.055
OUTW	0.463	0.255	0	1
TOWN	5.769	4.900	0	25
WORK	7.906	9.800	0	60
OUTLAY	2.369	2.405	0	15
GROUP	6.733	4.023	0	25
MINA	0.049	0.162	0	0.998
EDUCA	0.945	0.081	0.49	1

四、农村生活垃圾收集设施供给的Logit回归分析

在对生活垃圾收集设施供给进行Logit回归分析之前，首先进行了解释变量与被解释变量的相关性分析。相关性分析结果显示，生活垃圾收集设施供给与有效灌溉面积之间存在正相关关系（r=0.2223，p<1%），与村内企业个数之间存在正相关关系（r=0.1845，p<1%），与村民受教育程度之间存在正相关关系（r=0.1484，p<5%）；同时，与距离最远的两个村民小组之间的距离之间存在负相关关系（r=-0.1472，p<5%）。

为准确定量分析解释变量对于被解释变量的影响，在Logit回归分析之后，还给出了相应的边际效应分析；同时，由于使用了两次连续调查的数据，在Logit分析中还加入了时间虚拟变量，用于测度时间因素对于因变量的解释作用（见表5-9）。从Logit回归结果中可以看出，有效灌溉面积、村内企业个数、外出劳动打工比例、村民受教育程度及时间虚拟变量对生活垃圾收集设施的供给具有显著的正向作用。

第一，有效灌溉比例与生活垃圾收集设施供给之间存在显著的正相关关系（z=1.98，p<5%），即农业发展状况较好，说明当地经济发展水平

较好，能够提高生活垃圾收集设施供给的可能性。从边际效应分析中可以得知，当有效灌溉比例处于其均值水平（53.5%）时，有效灌溉比例提高1%，农村生活垃圾收集设施供给可能性将提高17%。

第二，村内企业个数与生活垃圾收集设施供给之间存在显著正相关关系（z=1.74，p<10%），村内企业个数反映了当地工商业发达状况，工商业发达能够提高当地村民的人均收入水平，同时改善村财政状况；而人均收入水平的提高和村财政状况的改善均有利于生活垃圾收集设施的供给。从边际效应结果中可以看出，当村内企业个数处于均值（4.055）时，村里每增加1个企业，生活垃圾收集设施供给的可能性将提高0.7%；村内企业个数对生活垃圾处理设施供给的作用较少，可能的原因为其作用为间接作用，即村内企业个数一般通过村民收入、村委会影响生活垃圾收集设施的供给，因而其作用力度较小。

第三，外出打工劳动比率与农村生活垃圾收集设施供给之间存在显著正相关关系（z=2.09，p<5%），本地外出打工比率越高，村民人均收入水平越高，同时由于外出打工人员已经享受到垃圾收集设施带来的好处，因此对生活垃圾收集设施有更高的需求，生活垃圾收集设施供给的可能性越大。边际效应分析结果显示，当外出打工劳动比率处于均值（46.3%）时，外出打工劳动比率每提高1个百分点，农村生活垃圾收集设施供给的可能性将提高30.2%。

第四，村民受教育程度与农村生活垃圾收集设施供给之间存在显著正相关关系（z=1.97，p<5%）。教育能够提高环境意识，受教育程度越高，村民对生活垃圾所造成的环境污染越为敏感，因此可能会通过筹资或表达诉求等方式要求修建相应的生活垃圾收集设施。而边际效应分析的结果也证明了这点，当村民的受教育程度处于均值（96.6%）时，村民整体受教育程度每提高1个百分点，当地生活垃圾收集设施供给的可能性将提高96.6%，显示出教育在改善意识，提高农村公共产品供给方面的巨大潜力。

值得注意的是，时间虚拟变量对农村生活垃圾收集设施供给具有显著正向作用（z=2.89，p<1%），即随着时间推移，农村生活垃圾处理基础设施在不断完善。时间虚拟变量包含了众多未被纳入模型的变量的影响，如环境政策、环保资金不断向农村倾斜，改善了农村环境基础设施建设。更重要的是，伴随着整个社会不断进步，经济发展要求城乡公共均等化，由此带来农村环境基础设施建设不断完善，以及农村生活环境不断改善。

除上述因素外，人均村财政债务、村委会到镇政府的距离、本村出去的在县乡政府工作的人数、距离最远的两个村民小组之间的距离、村民小组个数及少数民族所占比例等因素对生活垃圾处理设施供给的作用不显著。

五、农村生活垃圾运送服务的Logit回归分析

相关性分析显示，有效灌溉面积与生活垃圾运送服务供给之间存在正相关关系（r=0.2536，p<1%）；村内企业个数与生活垃圾运送服务供给之间存在正相关关系（r=0.2777，p<1%）；外出打工劳动比率与生活垃圾运送服务供给之间存在正相关关系（r=0.1532，p<5%）；其余解释变量与生活垃圾运送服务供给之间不存在相关关系。

Logit回归结果显示（见表5-9），有效灌溉面积（z=2.26，p<5%）、村内企业个数（z=2.98，p<1%）、外出打工劳动比率（z=2.21，p<5%）和时间虚拟变量（z=2.83，p<1%）与生活垃圾运送服务供给之间存在显著正相关关系。整体来看，社会经济条件尤其是当地经济发展水平的提升，能够有效提升生活垃圾运送服务供给的可能性。

从边际效应结果看，当有效灌溉比例处于其均值（53.5%）时，有效灌溉比例每提高1%，当地农村生活垃圾运送服务供给的可能性将提高17.1%，略高于生活垃圾收集设施供给的可能性。当村内企业个数处于均值水平（4.055）时，村内企业个数每增加1个，当地农村生活垃圾运送服务供给的可能性将提高1.5%，略高于生活垃圾收集设施供给的可能性。当外出打工劳动比率处于其均值（46.3%）时，外出打工劳动比率每提高1个

百分点，当地农村生活垃圾运送服务供给的可能性将提高29.2%，略低于生活垃圾收集设施供给的可能性。

值得注意的是村民受教育程度这一解释变量，在生活垃圾收集设施供给模型中，显著影响农村生活垃圾收集设施的供给，并且边际效应较大（96.6%），而在生活垃圾运送服务供给模型中，并未显示出显著性。可能的解释是，生活垃圾的收集设施与农村居民的联系更为紧密，更关系到农户的切身利益；而生活垃圾的运送服务，则被视为村委会或乡镇政府的责任。在现实的垃圾处理问题中，农户更注重到自身环境的整洁，而非整个村的生活环境。在治理农村生活垃圾相关问题时，必须以农户为核心，从农户的利益出发制定相关政策，更具有现实意义。

表 5–9　Logit 回归结果

变量	生活垃圾收集设施供给模型		生活垃圾运送服务供给模型	
	Logit 回归结果	边际效应	Logit 回归结果	边际效应
EIGGRA	0.840**（1.98）	0.170**（2.06）	0.985**（2.26）	0.191**（2.38）
FIRM	0.036*（1.74）	0.007*（1.78）	0.080***（2.77）	0.015***（2.98）
DEBT	–0.001（–0.94）	–0.0001（–0.95）	–0.001（–1.03）	–0.0002（–1.04）
OUTW	1.488**（2.09）	0.302**（2.17）	1.532**（2.12）	0.297**（2.21）
TOWN	–0.090（–0.53）	–0.018（–0.53）	–0.002（–0.06）	–0.004（–0.06）
WORK	0.006（0.41）	0.001（0.41）	–0.011（–0.62）	–0.002（–0.62）
OUTLAY	–0.023（–0.28）	–0.005（–0.28）	0.021（0.26）	0.004（0.26）
GROUP	–0.016（–0.37）	–0.003（–0.37）	0.001（0.02）	0.0002（0.02）
MINA	–0.709（–0.68）	–0.144（–0.69）	–1.015（–0.96）	–0.156（–0.97）
EDUCA	4.767**（1.97）	0.966**（2.03）	2.116（0.98）	0.409（0.98）
时间虚拟变量	1.207***（2.89）	0.245***（3.13）	1.202***（2.83）	0.233**（3.05）
常数项	–6.346**（–2.53）	—	–4.508***（2.83）	—
卡方值	30.81***	—	36.60***	—

注：*** p<1%; ** p<5%; * p<10%

第四节 本章小结

农村生活垃圾处理服务供给作为农户生活垃圾处理的行为选择及支付意愿的最重要的外部影响因素，在影响农户环境行为、支付意愿方面具有重要影响。本章针对农村生活垃圾处理服务供给的研究主要包括两个方面：一是使用2012年101个村级数据，说明目前农村生活垃圾处理服务供给的现状，并归纳其特征；二是使用2008年和2012年共202个村级数据，研究农村生活垃圾处理服务供给的影响因素。

农村生活垃圾处理服务供给的现状中，使用垃圾池、垃圾台、垃圾桶、垃圾房等形式进行生活垃圾定点收集依然是农村生活垃圾收集的主要形式；垃圾堆放点数量在各省之间存在较大差异，其供给数量与当地经济发展水平密切相关；即使提供垃圾运送服务的村，也只有部分村将垃圾运送到垃圾处理厂，其余通过掩埋、焚烧或随意丢弃等方式处理，凸显了垃圾运送及处理环节较为薄弱；农村生活垃圾收集和运送的费用主要来源依然是村，村是生活垃圾处理服务的供给主体。

本章所构建的农村生活垃圾处理服务供给的影响因素来源于经济社会因素、政策因素、地理特征和村民特征等，具体影响因素包括有效灌溉比例、村内企业个数、人均村财政债务、外出打工劳动比率、村委会到镇政府的距离、本村出去在县乡政府工作的人数、距离最远的两个村民小组之间的距离、村民小组个数、少数民族比例及村民受教育程度等。依据农村生活的收集、运送和处理程序，本章所研究的农村生活垃圾处理服务包括农村生活垃圾收集设施的供给及农村生活垃圾运送服务的供给。由于两者所处的阶段不同，其影响因素也存在着差异。

使用Logit回归分析，结果显示有效灌溉比例、村内企业个数、外出打工劳动比率及村民受教育程度显著正向作用于农村生活垃圾收集设施的供给；而除村民受教育程度以外，有效灌溉比例、村内企业个数、外出打工劳动比率显著正作用于农村生活垃圾运送服务的供给。该结论说明，社会经济条件是影响农村生活垃圾处理服务的主要因素，农业、工商业及城市化进程有助于提高农村生活垃圾处理服务供给水平；农村居民受教育程度决定其环境意识，但农村居民的环境意识具有局限性，即只关注自身环境的整洁而忽略了整个村庄的生态环境，由此出发，制定相应的环境政策或开展环境项目必须考虑到农户的核心利益，更具有现实意义。

第六章　农村生活垃圾处理服务供给对农户行为选择及支付意愿的影响

在现行农村生活垃圾管理模式下，农户生活垃圾处理的行为选择和支付意愿不仅受其内在行为机理作用，更受到宏观外在环境的影响，其中最重要的外在环境约束是农村生活垃圾处理服务的供给。本章的重点在于剖析农村生活垃圾处理服务供给、农户的行为选择、支付意愿之间的关系，从整体上理解农户生活垃圾处理行为选择和支付意愿所呈现的特征。

第一节　农户生活垃圾处理的行为选择与支付意愿一致性研究

农户的环保特征表现为有限理性，即农户只愿意付出有限的时间和精力参与农村生活环境的治理。结合第4章的分析结果，社会情景因素中生活垃圾处理设施的便利性、村庄布局显著影响农户生活垃圾的行为选择，尤其便利性是影响农户行为选择的最关键变量。该结论印证了农户环境保护行为有限理性的结论，即农户在生活垃圾处理的行为选择方面表现出有限理性。

农户生活垃圾的支付意愿模型中，73.88%的农户愿意为生活垃圾处理服务付费，同时有26.12%的农户不愿意付费；相对于平均81.0%的农户进行收集行为，农户支付意愿参与程度较低。农户为生活垃圾处理付费的金额为2.6478元/月，每年约41.6元，占农村居民人均纯收入的比重范围为0.38%～0.70%，说明虽然农户对生活垃圾处理服务的需求较为强烈，但支付意愿较低。因此，农户生活垃圾处理的行为选择和支付意愿具有一致性，其整体特征表现为有限理性，具体表现为有限理性行为和较低的支付意愿。

第二节　农村生活垃圾处理服务供给对农户行为选择的影响

本节的分析分为两部分，考察有无生活垃圾处理设施的村，农户对生活垃圾的处理行为存在着怎样的差异；考察在不同的生活垃圾处理服务供给条件下农户的生活垃圾处理行为存在怎样的差异。从这两个方面可以综合看出农村生活垃圾处理服务供给对农户生活垃圾处理行为选择的影响。

一、有无生活垃圾处理设施与农户生活垃圾的处理行为

2012年，在101个样本村中，提供生活垃圾处理服务的有37个村共740个样本农户，无生活垃圾收集服务的有64个村共有1288个样本农户。[①]因此，通过频率分析，比较有无生活垃圾处理服务的村中，农户厨余垃圾、可回收垃圾、不可回收垃圾的处理方式，检验生活垃圾处理服务供给能否影响农户生活垃圾的处理行为。

表 6-1　居民生活垃圾处理方式　（%）

垃圾类型	处理方式	比例	有生活垃圾收集设施	无生活垃圾收集设施
厨余垃圾	扔掉	30.23	36.99	26.36
	堆肥	1.58	0.95	1.94
	沼气	0.35	0.00	0.54
	饲料	67.85	62.06	71.16

① 101个村的农户数据包括2020个，但因为是连续访谈，2008年访谈之后如果有儿子成婚和父母分家等情况，则一户分裂成两户，并重新填一份问卷，因此获得的最终数据是2028个。

续表

垃圾类型	处理方式	比例	有生活垃圾收集设施	无生活垃圾收集设施
可回收垃圾	扔掉	7.20	6.91	7.36
	出售	90.63	91.73	90.00
	燃烧	2.17	1.36	2.64
不可回收垃圾	扔掉	79.04	83.88	72.28
	掩埋	3.40	1.63	4.42
	燃烧	17.55	14.50	19.30

和没有提供生活垃圾收集服务的村相比，提供了生活垃圾收集服务的村，其厨余垃圾扔掉的比例明显上升，同时，将厨余垃圾堆肥、沼气、饲料的比例明显下降。但是限于问卷，无法得知扔掉厨余垃圾具体是指随意丢弃还是集中处理。可以确定的是，由于村里提供了生活垃圾收集服务，农户将厨余垃圾作为饲料的比例明显降低。可能的原因是，随着城市化进程的加快，人工成本越来越昂贵，农户较少地收集厨余垃圾而将其扔掉，这与刘莹、王凤所提及的农村有机垃圾随意丢弃的原因一致。①

和没有提供生活垃圾收集服务的村相比，提供了生活垃圾收集服务的村，将可回收垃圾扔掉和燃烧的比例有小幅下降，同时出售的比例有所增加。这可能是“提供垃圾收集服务”提高了农户的环境意识，改善其环境行为，使其在进行垃圾收集行为时，更加注重家庭内部的垃圾分类。

和没有提供生活垃圾收集服务的村相比，提供了生活垃圾收集服务的村，不可回收垃圾扔掉（集中收集或随意丢弃）的比例明显提高，同时，掩埋和燃烧的比例明显降低。有“生活垃圾处理服务”的村，农户会更依赖其公共产品，并表达出积极的环境行为。

可以看出，在提供了生活垃圾收集设施的村，农户的环境意识得到了提高，同时在垃圾的处理行为方面更依赖垃圾收集设施，表现出积极的环境行为。

① 刘莹，王凤. 农户生活垃圾处置方式的实证分析［J］. 中国农村经济，2012（3）：88.

二、不同供给水平下农户的生活垃圾处理行为

第6章分析了2012年农村生活垃圾处理服务供给现状，其中包括了不同省份生活垃圾收集点数量分布；第4章分析了在已提供生活垃圾处理服务的村中，农户的生活垃圾集中收集的频率存在的差异。因此，本章以不同省份作为生活垃圾处理服务服务供给水平的代理变量，考察在不同的省份中，生活垃圾收集点数量分布与农户生活垃圾集中收集频率之间的关系，以说明生活垃圾处理服务供给水平对于农户生活垃圾处理的行为选择的影响。

表 6–2　不同供给水平下农户生活垃圾处理的行为选择

省份	每村生活垃圾收集点数量（个）	每百人堆放点数量（个）	农户集中收集频率（%）
江苏	47.13	2.54	95.2
四川	9.88	0.53	67.8
陕西	3.25	0.46	57.9
吉林	6.50	0.33	85.0
河北	5.40	0.48	84.2

从表6–2中可以看出，江苏省每村生活垃圾收集点数量最多（47.13个），每百人堆放点数量最高（2.54个），而农户也表现出积极的环境行为，具有最高的生活垃圾收集频率（95.2%）；同时，陕西省每村生活垃圾收集点数量最少（3.25个），每百人堆放点数量较少（0.46个），农户生活垃圾集中收集的频率为57.9%。这说明生活垃圾处理服务高供给水平能够带来农户积极的生活垃圾收集行为。

综上所述，提供生活垃圾处理服务，提高生活垃圾处理服务供给水平，能够从整体上改善农户生活垃圾的行为选择。外部限制性条件的改善，可从整体上改善农户的垃圾收集行为，作为亲环境行为的开端，垃圾收集行为的持续将带来生产、消费等方面的亲环境行为；农户的亲环境行为可带来农村生活环境的持续改善。

第三节　农村生活垃圾处理服务供给对农户支付意愿的影响

农村生活垃圾处理服务供给对农户支付意愿的影响有两条途径：一是农村生活垃圾处理服务供给对农户支付意愿概率的影响；二是农村生活垃圾处理服务对农户支付意愿水平的影响。

一、农村生活垃圾处理服务供给对农户支付意愿概率的影响

在第5章的分析中，将“是否提供垃圾处理服务”作为情景因素的虚拟变量纳入支付意愿概率方程，结果显示，该变量与支付意愿是5元的支付意愿概率之间存在显著正相关关系（z=1.86，p<10%），但与支付意愿是2元的支付意愿概率之间存在显著负相关关系（z=−1.69，p<10%）。对其样本来源进行分析，结论表明，5元概率方程中已享受到生活垃圾处理服务的农户愿意支付费用以继续享用生活垃圾收集的公共服务，未享受到生活垃圾处理服务的农户已经意识到生活垃圾所造成的危害从而愿意为生活垃圾处理服务付费。2元概率方程中，样本主要来源于四川和河北，两者的共同点在于农村生活垃圾处理服务供给严重不足，因此农户未享受过该种服务或享受过该种服务的体验极差，因此农户的支付意愿概率较低。

农村生活垃圾处理服务供给对农户支付意愿概率的影响显著，具体作用表现为两个方面，即生活垃圾处理服务的高供给水平，能够影响农户的环境意识，进而提高农户的支付意愿概率；而生活垃圾处理服务无供给或供给水平低，都会降低农户的支付意愿概率。

二、农村生活垃圾处理服务对农户支付意愿水平的影响

通过测算不同省份中，有无农村生活垃圾处理服务供给情况下农户的支付意愿水平来说明农村生活垃圾处理服务对农户支付意愿水平的影响。

表 6-3 生活垃圾处理服务供给对农户支付水平的影响

省份	无生活垃圾处理服务供给	有生活垃圾处理服务供给	整体
河北	3.2749	3.8003	3.3477
江苏	3.6725	3.9856	3.8478
吉林	3.5586	3.5937	3.5702
陕西	3.2878	3.5983	3.3841
四川	2.9997	3.4901	3.1974
全国	3.3396	3.7122	3.4678

从表6-3可以看出，在不同的省份，有生活垃圾处理服务供给的农户，其支付意愿均高于无生活垃圾处理服务供给的农户。尤其体现在河北省和四川省，河北省有生活垃圾处理服务供给的农户，其支付意愿比没有的农户高16.04%；而在四川省，这一比例高达16.35%。考虑到四川省和河北省农村生活垃圾处理设施缺乏的背景，支付水平的差距一方面说明农村生活垃圾处理服务供给提高了农户的支付意愿水平；另一方面说明在生活垃圾处理服务供给缺乏的地区，农户对生活垃圾处理的基本服务需求极为强烈。

因此，农村生活垃圾处理服务供给对农户支付意愿的影响可以表述为，生活垃圾处理服务供给提高了农户生活垃圾处理的支付意愿概率，也提高了农户生活垃圾处理的支付水平。

第四节 本章小结

本章的研究内容包括三个方面的内容：农户生活垃圾处理的行为选择和支付意愿一致性研究，农村生活垃圾处理服务供给对农户行为选择的影响，农村生活垃圾处理服务供给对农户支付的影响。

根据上述研究目的，本章结论为：①农户生活垃圾处理的行为选择和支付意愿具有一致性，在农户环保行为有限理性特征下，具体表现为有限理性行为和较低的支付意愿。②提供农村生活垃圾处理服务，提高农村生活垃圾处理服务供给水平，能够从整体上改善农户生活垃圾的行为选择。③生活垃圾处理服务供给提高了农户生活垃圾处理的支付意愿概率，也提高了农户生活垃圾处理的支付水平。

第七章　研究结论与对策建议

第一节　研究结论

农村环境污染形势严峻，其中生活垃圾已成为主要污染源。农村生活垃圾堆积点小而分散，面源多而广，成为农村环境治理中的难点；政府通过出台政策法规、增加财政支持等手段进行农村生活垃圾治理。除政府投入外，农户的行为也是影响生活垃圾处理的重要因素。因此，本书使用2012年全国5个省101个村庄2028个农户样本数据，研究农户在面对生活垃圾处理时的行为选择和支付意愿。

农村生活垃圾处理的主要环节包括产生、收集、运输和处理等，其中收集行为是农户唯一可以掌控的行为，也是将垃圾产生者和管理者连接起来的纽带。因此，本书研究生活垃圾处理时农户的行为选择，是指将垃圾集中收集还是随意丢弃；以及面对垃圾收集服务农户的支付意愿概率和支付意愿水平。

与经济行为不同，环保行为及其产品具有外部效应及公共物品性质，因此农户的环保行为具有有限理性，主要表现为，农户的环境保护行为具有短期性，提供环境产品时付出有限的努力、精力，其目标在于个人利益最大化而非整体社会利益最大化，在环境类公共产品的供给方面存在机会主义倾向和“搭便车”策略行为。农户的环保行为特征可通过农户面临生活垃圾处理时的行为选择和支付意愿体现出来。

以环境经济学理论为基础，结合农户环保行为特征和新制度经济学，构建了农户生活垃圾处理的行为选择和支付意愿内外维度模型，内部维度指代其内部作用机理，外部维度指代其外部制度环境。在内部作用机理中，构建了基于计划行为理论的农户生活垃圾处理的行为选择模型，基于价值信念理论的农户生活垃圾处理的支付意愿模型，并分析了外部制度环境中农村生活垃圾处理服务供给对农户行为选择、支付意愿的影响途径。本书的实证部分将围绕上述内容展开。

农户生活垃圾处理的行为选择实证研究中，使用739个农户数据，利用Logit回归和分层回归研究农户生活垃圾处理的行为选择的影响因素。结论显示在提供生活垃圾收集设施的村中，基础设施便利性、村庄布局及受教育程度显著影响居民生活垃圾处理的行为选择；其中，基础设施便利性是影响农户行为选择的最关键变量。

农户生活垃圾处理的支付意愿实证研究中，本书使用1949个农户数据，使用Logit回归和OLS回归研究农户生活垃圾处理的支付意愿概率和支付意愿水平的影响因素。结果显示，环境意识、是否提供生活垃圾收集设施等变量显著影响农户的支付意愿概率；而环境意识、年龄、受教育程度、收入水平及家庭居住面积等变量显著影响农户的支付意愿水平。对支付意愿的进一步分析结果显示，我国农村居民对生活垃圾处理的支付意愿水平为4.4678元/户/月，41.6元/户/年，占农村居民人均收入的0.38%～0.70%；各个省份之间农户的支付意愿不同，与当地经济发展水平之间呈现正相关关系；需求分析显示，西北、西南等欠发达地区对生活垃圾处理服务的需求更为强烈。

农村生活垃圾处理服务供给的实证研究中，现状分析表明，生活垃圾定点收集依然是农村生活垃圾收集的主要形式，垃圾堆放点数量与当地经济发展水平密切相关，农村生活垃圾处理在最终处理环节较为薄弱，村是生活垃圾处理服务的供给主体。使用2008年和2012年共202个村样本数据，Logit回归分析研究村生活垃圾收集设施供给、村生活垃圾运送服务的影响因素。结果显示，有效灌溉比例、村内企业个数、外出打工劳动比率及村民受教育程度农村生活垃圾收集设施的供给之间存在显著相关关系；而除村民受教育程度以外，有效灌溉比例、村内企业个数、外出打工劳动比率显著正作用于农村生活垃圾运送服务的供给。

农村生活垃圾处理服务的供给对农户行为选择、支付意愿的影响中，结果表明，农户生活垃圾处理的行为选择和支付意愿具有一致性，具体表现为有限理性行为和较低的支付意愿；提高农村生活垃圾处理服务供给水平，能够从整体上改善农户生活垃圾的行为选择；生活垃圾处理服务供给提高了农户生活垃圾处理的支付意愿概率，也提高了农户生活垃圾处理的支付水平。

结合以上分析过程，本书的主要结论如下：

第一，农村生活垃圾治理中，农户面临着基础设施建设供给不足的“硬件”缺失和环境意识低下的“软件”缺失的双重约束。“硬件”缺失一方面限制了农户环境行为的改善，农户因缺乏生活垃圾收集设施而无法表现出积极的环境行为；另一方面限制了农户对于公共服务的支付意愿，未享受过生活垃圾处理服务或生活垃圾处理服务供给不足，导致农户对生活垃圾处理服务缺乏信任度，其支付意愿较低。“软件”缺失的直接结果是，农户无法意识到垃圾的随意处理可能给环境带来的危害，而进一步加剧了环境污染。因此，“硬件”缺失和“软件”缺失成为生活垃圾治理中必须关注的重点问题，而治理措施也必须以“硬件”和“软件”为基础开展。

第二，从农户的角度看，农户环保行为特征总体表现为有限理性，具体表现为有限环境意识和有限环境行为相结合。余信认为作为准公共物品的社区性农村基础设施，农户作为供给主体具有行为理性；即农户意识到环境污染可能带来的危害时，会采取措施以减少环境污染[①]。而从本书的结论来看，农户的环境意识和环境行为均是有限理性。有限的环境意识一方面表现为农户已经意识到环境污染的严重性，但因为缺乏适合的诱发机

① 余信.我国农村基础设施：政府、社区与市场供给——基于公共品供给的理论分析［J］.农业经济问题，2006(10)：24.

制，并未表现出积极的环境行为；另一方面表现为农户只关注家庭周围的环境，而不关注村庄整体的环境卫生。农户有限的环境行为表现为生活垃圾收集设施便利性对其收集行为的影响，距离越近，农户的收集可能性越高；距离越远，农户随意丢弃的可能性越大。这种有限的环境行为和有限行为理论一致，即在低环境意识作用下，农户总是在寻找自身利益最大化的策略，而非整个社会利益最大化。农户是农村环境污染治理的主体，其有限的环境意识和有限环境行为相结合的特征是制定以农户为中心的治理政策的出发点。

第三，农户对生活垃圾处理设施需求强烈，但支付意愿较低。农户对生活垃圾处理的支付意愿呈现出两个特点：农户的支付意愿水平与当地经济发展水平呈现正相关关系；西北、西南和东部欠发达地区农户支付意愿水平在农户人均收入水平中所占比重较大，说明这些地区农户对农村生活垃圾处理服务的需求更为强烈。从需求分析的角度看，目前农户的支付意愿较低，生活垃圾高额的管理费用和处理费用依然制约着农村环境质量的改善。在农村生活环境治理中，仍然需要政府在政策、财政、技术、项目等方面的倾斜。

第四，农村生活垃圾处理服务的供给不足，供给不足限制了农户生活垃圾处理的行为选择和支付意愿。这种供给不足主要表现在两个方面，一是基础设施或服务的供给数量不足，从而制约了农户的环境意识，使农户无法表现出亲环境行为；二是基础设施或服务的供给质量不足，主要表现为百人拥有设施数量较少或生活垃圾收集设施的布局不合理等，结合农户在环境行为中的有限理性，基础设施或服务的供给质量不足限制了农户的亲环境行为。

第五，生活垃圾收集、处理的费用来源主要是村，村依然是生活垃圾处理服务供给的主体，其供给受当地社会经济条件的影响，并且在经济发展水平不同的省域之间存在显著差异。该结论说明，经济发展是环境治理的前提条件。在村财政普遍缺乏的情况下，需要通过政府、市场、农户三方合作，创新生活垃圾管理模式。

第二节 提高农户参与生活垃圾治理的对策建议

一、已有结论的启示

农户呈现出有限环境意识和有限环境行为相结合的特征，该结论与韩喜平的研究一致，①即农民在农村环境治理中呈现出有限理性的特点。一方面，有限的环境意识与农户环境意识低下是一致的，即农户在生活垃圾污染治理中呈现滞后性，在村庄环境治理中积极性、主动性不够；另一方面，有限的环境意识与不为公共服务付费的习惯相结合，导致农村生活垃圾基础建设滞后，机会主义动机和“搭便车”行为策略可能导致集体行动的困境。

农户是生活垃圾污染的制造者，应该在环境治理及生活垃圾治理中承担起主体责任。从现有的农村生活垃圾管理模式来看，其财政支付、环境整治及基础设施建设并未遵循农户的行为逻辑，表现为政策制定及基础设施供给的由上而下，忽略了作为环境主体的农户的特征。政策制定忽略了农户的环境意识水平，以命令控制型环境政策要求农户进行生活垃圾分类、收集和处理，成效有限；基础设施规划方面不到位，忽视了农户的有限环境行为，仅以村庄规模、户数等标准置放生活垃圾处理设施，无法促使农户表现出积极的环境行为；项目开展多以政府主导，农户的参与程度不高，使农村环境治理项目的成果难以持续。

从管理者的角度看，村依然是生活垃圾处理服务供给的主体，其供给受当地社会经济条件的影响，即工业、商业繁荣能够增加村财政收入，城市化进程加快促使村委会争取更多的财政支持，提高生活垃圾处理服务供给的可能性。2000年进行农村税费改革后，村委会财政收入来源锐减，在“城乡公共服务均等化”的要求下，村作为农村基础设施建设的主体，面临着资金缺乏、主体缺失的局面。因此，经济发展依然是进行农村环境保护的前提，但这并不意味着必须走“先污染、后治理”的老路，在城市环

① 韩喜平. 农村环境治理不能让农民靠边站［J］. 农村工作通讯，2014(8)：48.

境治理卓有成效的前提下，村环境治理可通过借鉴城市环境治理、创新生活垃圾管理模式等多种思路，实现农村经济发展与环境治理的协同进步。

二、对策建议

结合前文构建的农户生活垃圾处理的行为选择和支付意愿内外维度模型，并考虑到实证研究的结果，本书从内部作用机理和外部制度环境提出提高农户参与农村生活垃圾治理的对策建议。从内部作用机理来看，提高农户的环境意识成为当务之急，改善农户的环境行为，提高农户环境治理的主体性地位，使农户积极参与到农村生活垃圾治理中。

第一，提高农户的环境意识。结论显示农户的环境意识显著正向作用于支付意愿，但与垃圾处理行为之间不存在显著相关关系，即农户的环境意识还处在“潜伏”状态，未转化为真正的亲环境行为。因此，应该通过多种途径增加农户的环境知识，提高农户的环境意识。①在中小课堂教育中增加环境教育的相关内容，学校环境教育被视为正式环境教育。研究显示，年龄越小的居民，环境意识越高，说明环境教育和年龄之间存在交叉效应，即通过对中小学生的正式环境教育是提高环境意识的最有效途径。目前我国中小课堂中的环境教育较为缺失，即使有环境教育也多流于形式，而缺乏实用性。因此建议在中小课堂中加入环境保护的具体实践做法，如进行垃圾分类、垃圾回收利用等内容。②针对农村居民开展多种途径的环境宣传，已有宣传形式较为单一，仅通过标语或口号宣传，这种单一形式的宣传对于提高农户环境意识的作用有效；定期开展环境知识培训、图文并茂的宣传手册等，能够有效提高农村居民的环境意识。③通过电视、网络、手机等多媒体手段进行宣传，电视是农村中老年居民获得信息的主要途径，而目前电视各个时段中环境类节目并不多见，因此增加环境节目，尤其是黄金时段的环境类电视节目能够有效改善老年居民的环境意识。此外，网络、手机等多媒体也已经成为农村年轻居民获取信息的主要途径，因此，增加网络环境知识的可获得性，并定期推送环境信息，能够有效提升农村年轻居民的环境意识。

第二，改善农户的环境行为。生活垃圾收集行为是亲环境行为的初始形态，农户形成垃圾收集的习惯后，可发展出垃圾分类、节约用水、节约用电等高级形式的亲环境行为。我国农村居民生活垃圾收集行为还未形成，因此需要通过外部条件的激励形成习惯，并依靠自身环境意识的提高使垃圾收集行为习惯得以延续。可采取的对策包括：①完善基础设施建设，为农户开展生活垃圾收集行为提供必要的外部条件。②要开展专门的环境项目，以农户为利益中心制定外部激励政策，引导农户定点收集垃圾而非随意丢弃。③成立村民社区，可起到互相监督的作用，并形成生活垃圾收集的浓厚氛围，有助于农户生活垃圾收集行为的延续。

第三，提高农户在生活垃圾治理中的主体地位。农村生活垃圾治理中，政府依然起主导作用，作为环境保护主体的农户主体地位缺失，因此，应当转变政府和农户的职能。政府在农村生活垃圾管理中应当起到监督、引导作用，即监督相关政策、法规的执行力度，并引导农户开展环境建设项目。目前，我国农村居民还未参与到农村环境管理过程中，政府应当通过一系列手段和途径引导农户积极开展环境行为，并逐渐成为生活垃圾治理中的行为主体。①政策制定要以农户为中心，通过奖惩措施激发农户参与到生活垃圾治理中的积极性、主动性；②鼓励更多的环保组织关注农村环境问题，并将农户行为作为最终的行为标准；③政府联合市场、农户共同协商解决农户的环境问题，并将农户及其行为作为其行动的准则，逐渐培养农户的亲环境行为。

从外部制度环境看，进行基础设施建设、完善村庄规划及创新生活垃圾管理模式是加强生活垃圾管理的重点。

第一，以农户需求为导向，进行基础设施建设。农村生活垃圾处理服务包括生活垃圾的收集、运送等是影响农户生活垃圾处理的重要外部制度环境。农村生活垃圾点多而分散，治理水平低与治理成本高的现状并存；加之农户对生活垃圾处理服务的需求强烈，因此需要财政倾斜的制度安排进行投资，可通过上级政府投入、设立专门的环境保护专项基金等方式多途径筹集资金。进行投资的重点应是完善基础设施建设，这是由我国农村生活基础设施严重不足的现状所决定的。从垃圾处理的整个程序来看，生活垃圾收集设施如垃圾池、垃圾台、垃圾桶及垃圾房等是进行基础设施建设的重中之重。在生活垃圾基础设施建设时，应符合当地农户的生活习惯，以多样化、实用化为原则进行建设。

第二，按照新农村建设的要求，完善村镇体系规划和村庄规划。规划、设计相应的生活垃圾收集、处理设施，能够对农户生活垃圾处理行为起到客观的约束和指导作用。因此，村及乡镇以上政府应当依照村人口密度、地理条件和经济状况等因素规划和设计好生活垃圾处理设施的密度，使其符合当地居民生活习惯及环境行为特征。同时，提倡农户集中居住，和分散居住相比，集中居住在生活垃圾基础设施建设、农户行为培养方面具有更大的优势，尤其是在偏远山区，通过集中居住改善生态环境已经成为环境治理的重要手段。

第三，依据当地实际，创新生活垃圾管理模式。目前我国农村公共产品的供给依然以政府供给为主，如前所述，村及乡镇以上政府面临财政不足的现状，生活垃圾处理设施供给不足。与水、电、道路等公共产品一样，生活垃圾处理服务具有准公共物品的性质，意味着可由私人或市场供给，农户可通过付费获得相应的服务。在垃圾生活垃圾管理中，通过引进私人服务、进行市场化运行等方式，创新管理模式，即在垃圾收集、垃圾运送及处理等阶段以市场化形式运行，可通过居民付费、政府付费等方式购买生活垃圾处理的服务。

第四，环境政策制定要以农户利益为出发点。我国农村居民具有有限的环境意识和有限的环境行为的特征，在生活垃圾处理行为和支付意愿中，表现出短期性、机会主义偏好及“搭便车”的行为策略。因此，在制定生活垃圾管理政策时，要以农户的利益为出发点，依据其行为逻辑，制定出能够最大限度地激发农户参与积极性的政策和措施。借鉴国外的研究结果，20世纪70年代，西方国家通常通过外部激励如货币奖励、优惠券等形式激发居民的垃圾回收行为，虽然从长期看来外部激励具有不可持续性，但对于农村生活垃圾治理而言，可通过制定外部激励的政策，加上对农户环境行为的培养，可实现对农村生活垃圾的有效治理。

同时在对策实施过程中，要注意到区域的差异性，这种差异性主要表现为区域经济发展水平不同，生活垃圾处理的基本服务供给水平不同，从而区域内农户生活垃圾处理的收集行为、支付意愿水平不同。差异性要求对策实施的差异性，即在区域内提高农户生活垃圾治理时，要以上述差异性为基础，抓住重点，有针对性地实施治理措施。以江苏省为代表的东部地区，其经济发展水平位于全国前列，农村生活垃圾处理的基础设施较为完备，农户已表现出较为积极的环境行为，同时农户对生活垃圾处理的支付意愿水平较高，则其生活垃圾治理的重点应该转向完善农村生活垃圾的管理模式，从源头收集、分类，到运送、处理等环节逐渐完善，并实现最终的生活垃圾无害化处理。以陕西省、四川省为代表的西部欠发达地区，其经济发展水平较低，农村生活垃圾处理的基础设施较为薄弱，农户生活垃圾处理的收集行为相对而言较为落后，同时对生活垃圾处理的基础设施需求较为强烈，则其生活垃圾管理的重点应该着重于一方面提高农户的环境意识，使其意识到生活垃圾所造成的危害，另一方面加强基础设施建设，从外部制度环境角度提高农户的生活垃圾处理的收集行为。

第三节　进一步研究的问题

从现有数据和模型出发，进一步需要研究的问题包括：①对重要解释变量的进一步分析。农户生活垃圾处理的行为选择模型中，通过Logit回归和分层回归，可以看出便利性是最重要的影响因素，进一步需要研究的问题包括便利性的交叉效应，即便利性衡量在不同年龄、不同受教育程度、不同收入水平的农户中是否存在显著的差异，或者研究其他变量如何通过便利性最终产生不同的生活垃圾处理行为。②对支付意愿的进一步分析。本书研究了支付意愿概率模型和支付意愿水平模型，并对其具体货币值进行了测度。进一步研究的问题包括不同收入群体支付意愿的差异性研究，诸多因素影响农户的支付意愿，而收入水平是与支付意愿联系最为紧密的变量，通过对样本进行分析，可以看到支付意愿水平在不同收入群体中的分布，为分类制定收费标准提供理论依据。③在生活垃圾处理服务供给的模型中，本书研究生活垃圾收集设施、生活垃圾运送服务的影响因素，根据已有数据进一步可以研究的问题包括根据生活垃圾收集、运送、处理等阶段，并结合其费用来源，总结目前生活垃圾管理模式及特征，为农村生活垃圾管理模式提供案例借鉴。

从已有结论出发，随着理论研究的深入，进一步可以研究的问题包括：①中国作为经济转型期的发展中国家，农村正在经历快速城市化进程，农民生活方式快速变化，与城市居民相比，农村居民的环境意识和环境行为具有哪些具体特征，以及农户如何从亲环境行为的初始形态过渡到高级形态？另外，还有一些值得关注的问题，例如，中国农村具有浓厚的传统文化和地方风俗，这些文化因素怎样塑造了农户的环境行为？②农户是农村环境保护的主体，中国农村环境治理离不开农户的参与，目前鲜有学者关注农村居民参与环境保护的机制和途径。因此，进一步可以研究的问题包括研究农户参与环境保护的路径、机制及影响因素。③众多学者提出了政府、市场和农户三方参与到农村环境治理中的逻辑，但缺乏具体的可操作方案，进一步可以研究的问题包括从农户的行为逻辑出发，结合集体行为理论、制度相关理论，设计出符合农村实际的环境管理模型。

参考文献

[1] 唐丽霞，左停. 中国农村污染状况调查与分析 [J]. 中国农村观察，2008, 1(1): 31–38.

[2] 诸培新，朱洪蕊. 基于江苏省村庄调研实证的农村生活垃圾处理服务现状与对策研究 [J]. 江苏农业科学，2010(6):497–500.

[3] 王金霞，李玉敏，黄开兴，等. 农村生活固体垃圾的处理现状及影响因素 [J]. 中国人口·资源与环境，2011, 21(6): 74–78.

[4] 李玉敏，白军飞，王金霞，等. 农村居民生活固体垃圾排放及影响因素 [J]. 中国人口·资源与环境，2012, 22(10): 63–68.

[5] HOORNWEG D, BHADA-TATA P. What a waste: a global review of solid waste management [J]. *World bank*, 2012: 1–20.

[6] MOH Y C , MANAF L A. Overview of household solid waste recycling policy status and challenges in Malaysia [J]. *Resources, Conservation and Recycling*, 2014(82): 50–61.

[7] 李彩宜. 农村环境污染的成因及防治对策 [J]. 农业环境与发展，2006, 23(4): 54–55.

[8] 邢美华，张俊飚，黄光体. 未参与循环农业农户的环保认知及其影响因素分析——基于晋、鄂两省的调查 [J]. 中国农村经济，2009 (4): 72–79.

[9] STEG L, VLEK C. Encouraging pro-environmental behaviour: an integrative review and research agenda [J]. *Journal of Environmental*

psychology, 2009, 29(3): 309–317.

[10] 陈诗波, 王亚静, 樊丹. 基于农户视角的乡村清洁工程建设实践分析——来自湖北省的微观实证 [J] . 中国农村经济, 2009 (4): 62–71.

[11] BERGER I E. The demographics of recycling and the structure of environmental behavior [J] . *Environment and Behavior*, 1997, 29(4): 515–531.

[12] 史耀波, 刘晓滨. 农村公共产品供给对农户公共福利的影响研究——来自陕西农村的经验数据 [J] . 西北大学学报: 哲学社会科学版, 2009, 39(1):22–27.

[13] 罗万纯. 中国农村生活环境公共服务供给效果及其影响因素分析——基于农户视角 [J] . 中国农村经济, 2014 (11): 65–72.

[14] 黄开兴, 王金霞, 白军飞,等. 我国农村生活固体垃圾处理服务的现状及政策效果 [J] . 农业环境与发展, 2011, 28(6):32–36.

[15] 赵由才, 龙燕, 张华. 生活垃圾卫生填埋技术 [M] .北京: 化学工业出版社, 2004.

[16] 杨荣金, 李铁松. 中国农村生活垃圾管理模式探讨——三级分化有效治理农村生活垃圾 [J] . 环境科学与管理, 2006, 31(7): 82–86.

[17] 刘莹, 王凤. 农户生活垃圾处置方式的实证分析 [J] . 中国农村经济, 2012(3): 88–96.

[18] 张旭吟, 王瑞梅, 吴天真. 农户固体废弃物随意排放行为的影响因素分析 [J] . 农村经济, 2014 (10): 95–99.

[19] 魏欣, 刘新亮, 苏杨. 农村聚居点环境污染特征及其成因分析 [J] . 中国发展, 2007, 7(4): 92.

[20] 邢美华, 张俊飚, 黄光体. 未参与循环农业农户的环保认知及其影响因素分析——基于晋、鄂两省的调查 [J] . 中国农村经济, 2009 (4): 72–79.

[21] TONGLET M, PHILLIPS P S , READ A D . Using the Theory of

Planned Behaviour to investigate the determinants of recycling behaviour: a case study from Brixworth, UK [J] . *Resources, Conservation and Recycling*, 2004, 41(3): 191–214.

[22] OSKAMP S, HARRINGTON M J, EDWARDS T C, et al. Factors influencing household recycling behavior [J] . *Environment and Behavior*, 1991, 23(4): 494–519.

[23] A. 迈里克・弗里曼. 环境与资源价值评估——理论与方法 [M] . 曾贤刚,译. 北京:中国人民大学出版社,2002.

[24] CRAIK K H. Environmental psychology [J] . *Annual Review of Psychology*, 1973, 24(1): 403–422.

[25] CATTON W R, DUNLAP R E. A new ecological paradigm for post-exuberant sociology [J] . *American Behavioral Scientist*, 1980, 24(1): 15–47.

[26] DUNLAP R E, VAN LIERE K D. The "New Environmental Paradigm" [J] . *The Journal of Environmental Education*, 1978, 9(4): 10–19.

[27] STERN P C. Information, incentives, and pro-environmental consumer behavior [J] . *Journal of Consumer Policy*, 1999, 22(4): 461–478.

[28] LINDENBERG S, STEG L. Normative, gain and hedonic goal frames guiding environmental behavior [J] . *Journal of Social Issues*, 2007, 63(1): 117–137.

[29] FENG W, REISNER A. Factors influencing private and public environmental protection behaviors: results from a survey of residents in Shaanxi, China [J] . *Journal of Environmental Management*, 2011, 92(3): 429–436.

[30] LANGE F, BRÜCKNER C, KRÖGER B, et al. Wasting ways: perceived distance to the recycling facilities predicts pro-environmental behavior [J] . *Resources, Conservation and Recycling*, 2014(92): 246–254.

[31] LARSON L R, STEDMAN R C, Cooper C B, et al. Understanding the multi-dimensional structure of pro-environmental behavior [J] . *Journal of*

Environmental Psychology, 2015(43): 112–124.

[32] COTTRELL S P. Influence of social demographics and environmental attitudes on general responsible environmental behavior among recreational boaters [J] . *Environment and Behavior*, 2003, 35(3): 347–375.

[33] THØGERSEN J. Norms for environmentally responsible behaviour: an extended taxonomy [J] . *Journal of Environmental Psychology*, 2006, 26(4): 247–261.

[34] KAISER F G. A general measure of ecological behavior [J] . *Journal of applied social psychology*, 1998, 28(5): 395–422.

[35] GOSLING E, WILLIAMS K J H. Connectedness to nature, place attachment and conservation behaviour: testing connectedness theory among farmers [J] . *Journal of Environmental Psychology*, 2010, 30(3): 298–304.

[36] HUDDART-KENNEDY E, BECKLEY T M, MCFARLANE B L, et al. Rural-urban differences in environmental concern in Canada [J] . *Rural Sociology*, 2009, 74(3): 309–329.

[37] JENSEN B B. Knowledge, action and pro–environmental behaviour [J] . *Environmental Education Research*, 2002, 8(3): 325–334.

[38] POORTINGA W, STEG L, VLEK C. Values, environmental concern, and environmental behavior a study into household energy use [J] . *Environment and Behavior*, 2004, 36(1): 70–93.

[39] MOISANDER J. Motivational complexity of green consumerism [J] . *International Journal of Consumer Studies*, 2007, 31(4): 404–409.

[40] LEE Y, KIM S, KIM M, et al. Antecedents and interrelationships of three types of pro–environmental behavior [J] . *Journal of Business Research*, 2014, 67(10): 2097–2105.

[41] SCHULTZ P W, GOUVEIA V V, CAMERON L D, et al. Values and their relationship to environmental concern and conservation behavior [J] .

Journal of Cross-cultural Psychology, 2005, 36(4): 457–475.

[42] AJZEN I. The Theory of Planned Behavior [J]. *Organizational Behavior and Human Decision Processes*, 1991, 50(2): 179–211.

[43] MANNETTI L, PIERRO A, LIVI S. Recycling: planned and self–expressive behaviour [J]. *Journal of Environmental Psychology*, 2004, 24(2): 227–236.

[44] HEATH Y, GIFFORD R. Free–market ideology and environmental degradation the case of belief in global climate change [J]. *Environment and Behavior*, 2006, 38(1): 48–71.

[45] BAMBERG S, SCHMIDT P. Incentives, morality, or habit? Predicting students' car use for university routes with the models of Ajzen, Schwartz, and Triandis [J]. *Environment and Behavior*, 2003, 35(2): 264–285.

[46] HARLAND P, STAATS H, WILKE H A M. Explaining pro–environmental intention and behavior by personal norms and the Theory of Planned Behavior [J]. *Journal of Applied Social Psychology*, 1999, 29(12): 2505–2528.

[47] THØGERSEN J. Recycling and morality a critical review of the literature [J]. *Environment and Behavior*, 1996, 28(4): 536–558.

[48] CLAYTON S. Environmental identity: a conceptual and an operational definition [M]. Cambrideg: MIT Press. 2003.

[49] THØGERSEN J. Green shopping for selfish reasons or the common good [J]. *American Behavioral Scientist*, 2011, 55(8): 1052–1076.

[50] DUNLAP R E, VAN LIERE K, MERTIG A, et al. Measuring endorsement of the New Ecological Paradigm: a revised NEP scale [J]. *Journal of Social Issues*, 2000, 56(3):425–442.

[51] OLLI E, GRENDSTAD G, WOLLEBAEK D. Correlates of environmental behaviors bringing back social context [J]. *Environment and*

Behavior, 2001, 33(2): 181–208.

[52] BLACK J S, STERN P C, ELWORTH J T. Personal and contextual influences on household energy adaptations [J] . *Journal of Applied Psychology*, 1985, 70(1): 3–21.

[53] GUAGNANO G A, STERN P C, DIETZ T. Influences on attitude–behavior relationships a natural experiment with curbside recycling [J] . *Environment and Behavior*, 1995, 27(5): 699–718.

[54] BRANDON G, LEWIS A. Reducing household energy consumption: a qualitative and quantitative field study [J] . *Journal of Environmental Psychology*, 1999, 19(1): 75–85.

[55] THØGERSEN J. Monetary incentives and recycling: behavioural and psychological reactions to a performance–dependent garbage fee [J] . *Journal of Consumer Policy*, 2003, 26(2): 197–228.

[56] ALESINA A, GIULIANO P. Family ties and political participation [J] . *Journal of the European Economic Association*, 2011, 9(5): 817–839.

[57] KURZ T, LINDEN M, SHEEHY N. Attitudinal and community influences on participation in new curbside recycling initiatives in Northern Ireland [J] . *Environment and Behavior*, 2007, 39(3): 367–391.

[58] MILLER E, BUYS L. The impact of social capital on residential water–affecting behaviors in a drought–prone Australian community [J] . *Society and Natural Resources*, 2008, 21(3): 244–257.

[59] KENNEDY E H, BECKLEY T M, MCFARLANE B L, et al. Why we don't "walk the talk" : understanding the environmental values/behaviour gap in Canada [J] . *Human Ecology Review*, 2009, 16(2): 151.

[60] DERKSEN L, GARTRELL J. The social context of recycling [J] . *American Sociological Review*, 1993: 434–442.

[61] LOZANO R. Incorporation and institutionalization of SD into

universities: breaking through barriers to change [J] . *Journal of Cleaner Production*, 2006, 14(9): 787–796.

[62] SCHLEGELMILCH B B, BOHLEN G M, DIAMANTOPOULOS A. The link between green purchasing decisions and measures of environmental consciousness [J] . *European Journal of Marketing*, 1996, 30(5): 35–55.

[63] LAROCHE M, BERGERON J, BARBARO–FORLEO G. Targeting consumers who are willing to pay more for environmentally friendly products [J]. *Journal of Consumer Marketing*, 2001, 18(6): 503–520.

[64] BARTIAUX F. Does environmental information overcome practice compartmentalisation and change consumers' behaviours [J] . *Journal of leaner Production*, 2008, 16(11): 1170–1180.

[65] KAISER F G, FUHRER U. Ecological behavior's dependency on different forms of knowledge [J] . *Applied Psychology*, 2003, 52(4): 598–613.

[66] OĞUZ D, ÇAKCI I, KAVAS S. Environmental awareness of university students in Ankara, Turkey [J] . *African Journal of Agricultural Research*, 2010, 5(19): 2629–2636.

[67] NELSON B , CHRISTOPHER T , SANDY S . Wine consumers' environmental knowledge and attitudes: influence on willingness to purchase [J] . *International Journal of Wine Research*, 2009, 1(1):59–72.

[68] DODD T H, LAVERIE D A, WILCOX J F, et al. Differential effects of experience, subjective knowledge, and objective knowledge on sources of information used in consumer wine purchasing [J] . *Journal of Hospitality and tourism Research*, 2005, 29(1): 3–19.

[69] MILFONT T L, DUCKITT J. The environmental attitudes inventory: a valid and reliable measure to assess the structure of environmental attitudes [J]. *Journal of Environmental Psychology*, 2010, 30(1): 80–94.

[70] DUNLAP R E, JONES R E. Environmental concern: conceptual

and measurement issues. In: Dunlap, R.E., Michelson, W.(Eds), Handbook of Environmental Sociology [M] . Westport:Greenwood Press, 2002.

[71] TILIKIDOU I. The effects of knowledge and attitudes upon Greeks' pro-environmental purchasing behaviour [J] . *Corporate Social Responsibility and Environmental Management*, 2007, 14(3): 121–134.

[72] WANG F, CHENG Z H, KEUNG C, et al. Impact of manager characteristics on corporate environmental behavior at heavy–polluting firms in Shannxi, China [J] . *Journal of Cleaner Production*, 2015(108): 707–715.

[73] KOLLMUSS A, AGYEMAN J. Mind the gap: why do people act environmentally and what are the barriers to pro–environmental behavior [J] . *Environmental Education Research*, 2002, 8(3): 239–260.

[74] D' EAUDBONNE F LE . Feminisme oula mort [M] . Pierre Horay ,1974.

[75] DAVIDSON D J, FREUDENBURG W R. Gender and environmental risk concerns a review and analysis of available research [J] . *Environment and Behavior*, 1996, 28(3): 302–339.

[76] ZELEZNY L C, CHUA P P, ALDRICH C. Elaborating on gender differences in environmentalism [J] . *Journal of Social Issues*, 2000, 56(3): 443–458.

[77] DIAMANTOPOULOS A, SCHLEGELMILCH B B, SINKOVICS R R, et al. Can socio–demographics still play a role in profiling green consumers? A review of the evidence and an empirical investigation [J] . *Journal of Business Research*, 2003, 56(6): 465–480.

[78] SCHAHN J, HOLZER E. Studies of individual environmental concern the role of knowledge, gender, and Background variables [J] . *Environment and Behavior*, 1990, 22(6): 767–786.

[79] CHAN K. Mass communication and pro–environmental behaviour:

waste recycling in Hong Kong [J] . *Journal of Environmental Management*, 1998, 52(4): 317–325.

[80] BAMBERG S, MÖSER G. Twenty years after Hines, Hungerford, and Tomera: a new meta–analysis of psycho–social determinants of pro–environmental behaviour [J] . *Journal of Environmental Psychology*, 2007, 27(1): 14–25.

[81] BALLANTYNE R, CONNELL S, FIEN J. Students as catalysts of environmental change: a framework for researching intergenerational influence through environmental education [J] . *Environmental Education Research*, 2006, 12(3–4): 413–427.

[82] CORDANO M, WELCOMER S, SCHERER R, et al. Understanding cultural differences in the antecedents of pro–environmental behavior: a comparative analysis of business students in the United States and Chile [J] . *The Journal of Environmental Education*, 2010, 41(4): 224–238.

[83] GUERIN D, CRETE J, MERCIER J. A multilevel analysis of the determinants of recycling behavior in the European countries [J] . *Social Science Research*, 2001, 30(2): 195–218.

[84] 邓正华，张俊飚，许志祥，等. 农村生活环境整治中农户认知与行为响应研究——以洞庭湖湿地保护区水稻主产区为例 [J] . 农业技术经济，2013(2): 72–79.

[85] 田翠琴，赵志林，赵乃诗. 农民生活型环境行为对农村环境的影响 [J] . 生态经济，2011 (2): 179–184.

[86] BURTON R J F. The influence of farmer demographic characteristics on environmental behaviour: a review [J] . *Journal of Environmental Management*, 2014(135): 19–26.

[87] EMMET JONES R, MARK FLY J, TALLEY J, et al. Green migration into rural America: the new frontier of environmentalism [J] . *Society and*

Natural Resources, 2003, 16(3): 221–238.

[88] SAPHORES J D M, NIXON H, OGUNSEITAN O A, et al. Household willingness to recycle electronic waste an application to California [J] . *Environment and Behavior*, 2006, 38(2): 183–208.

[89] MCFARLANE B L, BOXALL P C. The role of social psychological and social structural variables in environmental activism: an example of the forest sector [J] . *Journal of Environmental Psychology*, 2003, 23(1): 79–87.

[90] MCFARLANE B L, HUNT L M. Environmental activism in the forest sector social psychological, social–cultural, and contextual effects [J] . *Environment and Behavior*, 2006, 38(2): 266–285.

[91] SMITH M D, KRANNICH R S. "Culture clash" revisited: newcomer and longer–term residents' attitudes toward land use, development, and environmental issues in rural communities in the Rocky Mountain West [J] . *Rural sociology*, 2000, 65(3): 396–421.

[92] BAGER T, PROOST J. Voluntary regulation and farmers' environmental behaviour in Denmark and the Netherlands [J] . *Sociologia Ruralis*, 1997, 37(1): 79–96.

[93] JACKSON–SMITH D B, MCEVOY J P. Assessing the long–term impacts of water quality outreach and education efforts on agricultural landowners [J] . *The Journal of Agricultural Education and Extension*, 2011, 17(4): 341–353.

[94] MURPHY G, HYNES S, MURPHY E, et al. Assessing the compatibility of farmland biodiversity and habitats to the specifications of agri–environmental schemes using a multinomial logit approach [J] . *Ecological Economics*, 2011(71): 111–121.

[95] BOON T E, BROCH S W, MEILBY H. How financial compensation changes forest owners' willingness to set aside productive forest areas for nature

conservation in Denmark [J] . *Scandinavian Journal of Forest Research*, 2010, 25(6): 564–573.

[96] SIEBERT R, TOOGOOD M, KNIERIM A. Factors affecting European farmers' participation in biodiversity policies [[J] . *Sociologia Ruralis*, 2006, 46(4): 318–340.

[97] SIEBERT R, BERGER G, LORENZ J, et al. Assessing German farmers' attitudes regarding nature conservation set–aside in regions dominated by arable farming [J] . *Journal for Nature Conservation*, 2010, 18(4): 327–337.

[98] STOCK P V. 'Good farmers' as reflexive producers: an examination of family organic farmers in the US Midwest [J] . *Sociologia Ruralis*, 2007, 47(2): 83–102.

[99] BURTON R J F, WILSON G A. Injecting social psychology theory into conceptualisations of agricultural agency: towards a post–productivist farmer self–identity [J] . *Journal of Rural Studies*, 2006, 22(1): 95–115.

[100] FORESTER W S. Solid waste: there's a lot more coming [J] . *EPA Journal*, 1988(14): 11.

[101] VINING J, EBREO A. What makes a recycler? A comparison of recyclers and nonrecyclers [J] . *Environment and Behavior*, 1990, 22(1): 55–73.

[102] GAMBA R J, OSKAMP S. Factors influencing community residents' participation in commingled curbside recycling programs [J] . *Environment and Behavior*, 1994, 26(5): 587–612.

[103] BURN S M. Social psychology and the stimulation of recycling behaviors: the block leader approach [J] . *Journal of Applied Social Psychology*, 1991, 21(8): 611–629.

[104] GELLER E S. Applied behavior analysis and social marketing: An

integration for environmental preservation [J] . *Journal of Social Issues*, 1989, 45(1): 17–36.

[105] HUEBNER R B, LIPSEY M W. The relationship of three measures of locus of control to environment activism [J] . *Basic and Applied Social Psychology*, 1981, 2(1): 45–58.

[106] DE YOUNG R. Some psychological aspects of recycling the structure of conservation–satisfactions [J] . *Environment and Behavior*, 1986, 18(4): 435–449.

[107] SAHMDAHL D M, ROBERTSON R. Social determinants of environmental concern [J] . *Environment and Behavior*, 1989(21):57–81.

[108] ANDO A W, GOSSELIN A Y. Recycling in multifamily dwellings: does convenience matter [J] . *Economic Inquiry*, 2005, 43(2): 426–438.

[109] YUAN H. A model for evaluating the social performance of construction waste Management [J] . *Waste Management*, 2012, 32(6): 1218–1228.

[110] DE FEO G, DE GISI S, WILLIAMS I D. Public perception of odour and environmental pollution attributed to MSW treatment and disposal facilities: a case study [J] . *Waste Management*, 2013, 33(4): 974–987.

[111] AFROZ R, MASUD M M, AKHTAR R, et al. Survey and analysis of public knowledge, awareness and willingness to pay in Kuala Lumpur, Malaysia–a case study on household WEEE management [J] . *Journal of cleaner production*, 2013(52): 185–193.

[112] PERRY G D R, WILLIAMS I D. The participation of ethnic minorities in kerbside recycling: a case study [J] . *Resources, Conservation and Recycling*, 2007, 49(3): 308–323.

[113] MIAFODZYEVA S, BRANDT N. Recycling behaviour among householders: synthesizing determinants via a meta–analysis [J] . *Waste and*

Biomass Valorization, 2013, 4(2): 221–235.

[114] DE FEO G, DE GISI S. Domestic separation and collection of municipal solid waste: opinion and awareness of citizens and workers [J]. *Sustainability*, 2010, 2(5): 1297–1326.

[115] POKHREL D, VIRARAGHAVAN T. Municipal solid waste management in Nepal: practices and challenges [J]. *Waste Management*, 2005, 25(5): 555–562.

[116] TADESSE T, RUIJS A, HAGOS F. Household waste disposal in Mekelle city, Northern Ethiopia [J]. *Waste Management*, 2008, 28(10): 2003–2012.

[117] JUNQUERA B, DEL BRÍO J Á, MUÑIZ M. Citizens' attitude to reuse of municipal solid waste: a practical application [J]. *Resources, Conservation and Recycling*, 2001, 33(1): 51–60.

[118] REFSGAARD K, MAGNUSSEN K. Household behavior and attitudes with respect to recycling food waste - experiences from focus groups [J]. *Journal of Environmental Management*, 2009, 90(2): 760–771.

[119] DARBY L, OBARA L. Household recycling behaviour and attitudes towards the disposal of small electrical and electronic equipment [J]. *Resources, Conservation and Recycling*, 2005, 44(1): 17–35.

[120] BASILI M, DI MATTEO M, FERRINI S. Analysing demand for environmental quality: a willingness to pay/accept study in the province of Siena (Italy) [J]. *Waste Management*, 2006, 26(3): 209–219.

[121] KAROUSAKIS K, BIROL E. Investigating household preferences for kerbside recycling services in London: a choice experiment approach [J]. *Journal of Environmental Management*, 2008, 88(4): 1099–1108.

[122] LONGE E, LONGE O, UKPEBOR E. People's perception on household solid waste management in Ojo local government area, in Nigeria [J].

Journal of Environmental Health Science & Engineering, 2009, 6(3): 201–208.

[123] BEL G, WARNER M. Does privatization of solid waste and water services reduce costs? A review of empirical studies [J] . *Resources, Conservation and Recycling*, 2008, 52(12): 1337–1348.

[124] JACOBSEN R, BUYSSE J, GELLYNCK X. Cost comparison between private and public collection of residual household waste: multiple case studies in the Flemish region of Belgium [J] . *Waste Management*, 2013, 33(1): 3–11.

[125] 蒋琳莉, 张俊飚, 何可, 等. 农业生产性废弃物资源处理方式及其影响因素分析 [J] . 资源科学, 2014, 36(9).

[126] 姜太碧, 袁惊柱. 城乡统筹发展中农户生活污物处理行为影响因素分析——基于“成都试验区”农户行为的实证 [J] . 生态经济, 2013(4): 035.

[127] 赵俊骅, 龙飞. 浙江省集体林区农户垃圾定点堆放行为及影响因素 [J] . 林业经济问题, 2015, 35(5): 424–429.

[128] 陈会广, 李浩华, 张耀宇, 等. 土地整治中农民居住方式变化的生态环境行为效应分析 [J] . 资源科学, 2013, 35(10).

[129] 李浩华. 集中居住区与分散居住区农户环境行为的对比分析——以南京市为例 [J] . 湖南农业科学: 上半月, 2013 (6): 113–116.

[130] 何品晶, 张春燕, 杨娜, 等. 我国村镇生活垃圾处理现状与技术路线探讨 [J] . 农业环境科学学报, 2010, 29(11):2049–2054.

[131] 孙宏伟, 李定龙, 杨彦, 等. 镇江市村镇生活垃圾产生特征及影响因素研究 [J] . 常州大学学报: 自然科学版, 2012, 24(1):59–61.

[132] 李崇光, 陈诗波. 乡村清洁工程: 农户认知、行为及影响因素分析——基于湖北省的实证研究 [J] . 农业经济问题, 2009 (4): 20–25.

[133] BUZBY J, SKEES J, READY R. Using contingent valuation to value food safety:a case study of grapefruit and pesticide residues [A] . J.A.Caswell.

Valuing Food Safety and Nutrition [C] . Boulder:Westview Press, 1995:219–256.

[134] BOCCALETTI S, NARDELLA M. Consumer willingness to pay for pesticide–free fresh fruit and vegetables in Italy [J] . *The International Food and Agribusiness Management Review*, 2000, 3(3): 297–310.

[135] HUHTALA A. How much do money, inconvenience and pollution matter? Analysing households demand for large–scale recycling and incineration [J] . *Environmental Management*, 1999, 55(1):27 - 38.

[136] HANEMANN M, LOOMIS J, KANNINEN B. Statistical efficiency of double–bounded dichotomous choice contingent valuation [J] . *American Journal of Agricultural Economics*, 1991, 73(4): 1255–1263.

[137] VERONESI M, ALBERINI A, COOPER J C. Implications of bid design and willingness–to–pay distribution for starting point bias in double–bounded dichotomous choice contingent valuation surveys [J] . *Environmental and Resource Economics*, 2011, 49(2): 199–215.

[138] ALBERINI A, BOYLE K, WELSH M. Analysis of contingent valuation data with multiple bids and response options allowing respondents to express uncertainty [J] . *Journal of Environmental Economics and Management*, 2003, 45(1): 40–62.

[139] WELSH M P, BISHOP R C. Multiple bounded discrete choice models [J] . Benefits & costs transfer in natural resource planning, Western Regional Research Publication, W–133, Sixth Interim Report, Department of Agricultural and Applied Economics, University of Georgia, 1993.

[140] WANG H, HE J, KIM Y, et al. Willingness–to–pay for water quality improvements in Chinese rivers: an empirical test on the ordering effects of multiple–bounded discrete choices [J] . *Journal of Environmental Management*, 2013 (131): 256–269.

[141] WANG H, SHI Y, KIM Y, et al. Valuing water quality improvement in China: a case study of Lake Puzhehei in Yunnan Province [J]. *Ecological Economics*, 2013(94): 56–65.

[142] OTHMAN J. Household preferences for solid waste management in Malaysia [R]. Eepsea Research Report, 2003: 1–50.

[143] LAL P, TAKA' U L. Economic costs of waste in Tonga [R]. A report prepared for the IWP–Tonga, SPREP and the Pacific Islands Forum Secretariat, Apia, Samoa.

[144] BLUFFSTONE R, DESHAZO J R. Upgrading municipal environmental services to European Union levels: a case study of household willingness to pay in Lithuania [J]. *Environment and Development Economics*, 2003, 8(4):637–654.

[145] BANGA M, LOKINA R B, MKENDA A F. Households' willingness to pay for improved solid waste collection services in Kampala city, Uganda [J]. *The Journal of Environment and Development*, 2011, 20(4): 428–448.

[146] FONTA W M, ICHOKU H E, OGUJIUBA K K, et al. Using a contingent valuation approach for improved solid waste management facility: evidence from Enugu State, Nigeria [J]. *Journal of African Economics*, 2008, 17(2):277–304.

[147] ICHOKU H E, FONTA W M, KEDIR A. Measuring individuals' valuation distributions using a stochastic payment card approach: application to solid waste management in Nigeria [J]. *Environment Development and Sustainability*, 2009, 11(3): 509–521.

[148] BARTELINGS H, STERNER T. Household waste management in a Swedish municipality: determinants of waste disposal, recycling and composting [J]. *Environmental and Resource Economics*, 1999, 13(4):473–491.

[149] DWIVEDY M, MITTAL R K. Willingness of residents to participate

in e-waste recycling in India [J] . *Environmental Development*, 2013(6): 48–68.

[150] EKERE W, MUGISHA J, DRAKE L. Willingness to pay for sound waste management in urban and peri-urban areas of the Lake Victoria crescent region Uganda [C] //Second RUFORUM Biennial Meeting, 2010: 20–24.

[151] AMFO-OUT R, WAIFE E D, KWAKWA P A, et al. Willingness to pay for solid waste collection in semi-rural Ghana: a logit estimation [J] . *International Journal of Multidisciplinary Research*, 2012, 2(7): 40–49.

[152] NAZ A C C, NAZ M T N. Modeling choices for ecological solid waste management in suburban municipalities: user fees in Tuba, Philippines [R] . Economy and Environment Program for Southeast Asia (EEPSEA), 2006.

[153] 苗艳青，杨振波，周和宇. 农村居民环境卫生改善支付意愿及影响因素研究——以改厕为例 [J] . 管理世界，2012(9):89–99.

[154] 林刚，姜志德. 农户对生活垃圾集中处理的支付意愿研究——基于白水县的农户调研数据 [J] . 生态经济：学术版，2010 (1): 351–355.

[155] 邹彦，姜志德. 农户生活垃圾集中处理支付意愿的影响因素分析——以河南省淅川县为例 [J] . 西北农林科技大学学报：社会科学版，2010, 10(4): 27–31.

[156] 王妹娟，薛建宏. 农村居民固体废弃物治理服务支付意愿研究——以河北省魏县为例 [J] . 世界农业，2014 (7): 180–184.

[157] 梁增芳，肖新成，倪九派. 三峡库区农村生活垃圾处理支付意愿及影响因素分析 [J] . 环境污染与防治，2014, 36(9): 100–105.

[158] 聂鑫，缪文慧，肖婷，等. 西部地区农户环境保护支付意愿及其影响因素研究——以广西 CX 市为例 [J] . 生态经济，2015, 31(6): 155–158.

[159] GROSSMAN G M, KRUEGER A B. Environmental impacts of a North American free trade agreement [J] . *Social Science Electronic Publishing*, 1991, 8(2):223–250.

[160] PANAYOTOU T. Empirical tests and policy analysis of environmental degradation at different stages of economic development [R] . *Ilo Working* Papers, 1993: 4.

[161] 杨凯, 叶茂, 徐启新. 上海城市废弃物增长的环境库兹涅茨特征研究 [J] . 地理研究, 2003, 22(1):60–66.

[162] SONG T, ZHENG T, TONG L. An empirical test of the environmental Kuznets curve in China: a panel cointegration approach [J] . *China Economic Review*, 2008, 19(3):381–392.

[163] SIMON H A. A behavioral model of rational choice [J] . *The Quarterly Journal of Economics*, 1955: 99–118.

[164] CAMERER C. Behavioral economics: reunifying psychology and economics [J] . *Proceedings of the National Academy of Sciences*, 1999, 96(19): 10575–10577.

[165]TODD P M, GIGERENZER G. Bounding rationality to the world [J]. *Journal of Economic Psychology*, 2003, 24(2): 143–165.

[166] 韩喜平. 农村环境治理不能让农民靠边站 [J] . 农村工作通讯, 2014 (8): 48.

[167] [美] 西奥多 ·W.舒尔茨. 改造传统农业 [M] . 梁小民, 译. 北京: 商务印书馆, 2006.

[168] [美] 道格拉斯 ·C. 诺思. 制度、制度变迁与经济绩效 [M] . 杭行, 译. 上海: 上海三联书店, 1994: 45.

[169] AJZEN I, FISHBEIN M. Attitude–behavior relations: a theoretical analysis and review of empirical research [J] . *Psychological Bulletin*, 1977, 84(5): 888.

[170] BUTTEL F H. New directions in environmental sociology [J] . *Annual Review of Sociology*, 1987: 465–488.

[171] 康洪, 彭振斌, 康琼. 农民参与是实现农村环境有效管理的重要

途径［J］. 农业现代化研究，2009，30(5)：579–583.

［172］胡双发，王国平. 政府环境管理模式与农村环境保护的不兼容性分析［J］. 贵州社会科学，2008 (5)：91–96.

［173］李君，吕火明，梁康康，等. 基于乡镇管理者视角的农村环境综合整治政策实践分析——来自全国部分省(区、市)195个乡镇的调查数据［J］. 中国农村经济，2011(2):74–82.

［174］曾莉. 政府供给农村公共物品及其行为选择［J］. 农村经济，2008 (3)：13–15.

［175］李颖，许少华. 我国农村生活垃圾现状及对策［J］. 建设科技，2007 (7)：62–63.

［176］马晓河，方松海. 我国农村公共品的供给现状、问题与对策［J］. 农业经济问题，2005 (4)：22–29.

［177］叶春辉. 农村垃圾处理服务供给的决定因素分析［J］. 农业技术经济，2007 (3)：10–16.

［178］闵继胜，刘玲. 机会成本、政府行为与农户农村生活污染治理意愿——基于安徽省的实地调查［J］. 山西农业大学学报：社会科学版，2015，14(12)：1189–1194.

［179］王凤. 公众参与环保行为影响因素的实证研究［J］. 中国人口·资源与环境，2008，18(6):30–35.

［180］王凤，程志华. 员工环境行为对企业环境行为影响的实证研究［J］. 西北大学学报：哲学社会科学版，2015，45(2):135–139.

［181］CHUNG S S, POON C S. A comparison of waste-reduction practices and new environmental paradigm of rural and urban Chinese citizens［J］. *Journal of Environmental Management*, 2001, 62(1): 3–19.

［182］寻舸. 论区位因素对农村公共产品供给的影响［J］. 农村经济，2013(3):7–10.

［183］姚升，张士云，蒋和平，等. 粮食主产区农村公共产品供给影响

因素分析——基于安徽省的调查数据［J］. 农业技术经济，2011(2):110-116.

［184］董晓霞，续竞秦. 不同特征村庄村民公共项目投资方向偏好比较研究［J］. 农业科技管理，2010, 29(5):25-28.

［185］周天勇，蒋震. 要素聚集程度对公共服务提供能力的影响［J］. 财政研究，2010(3):2-6.

［186］张林秀，罗仁福，刘承芳，等. 中国农村社区公共物品投资的决定因素分析［J］. 复印报刊资料:农业经济导刊，2005(11):76-86.

［187］余信. 我国农村基础设施：政府，社区与市场供给——基于公共品供给的理论分析［J］. 农业经济问题，2006 (10): 21-24.

附　录

附录一：农户生活垃圾处理调查问卷表

1	本村是否修建生活垃圾堆放台/池/桶?	1=有，2=没有》6题
2	村里有没有派人收集垃圾?	1=有；2=没有》6题
3	夏天平均多长时间收集一次?（如回答满了就收，要追问出平均天数）	1=1～2天一次；2=3～7天一次；3=7天以上，请注明
4	你家把垃圾放到了指定收集点吗?	1=是；2=否
5	你家距离最近的指定堆放点有多远?	米
6	你家交了垃圾费吗?	1=是；2=否
7	如果村里雇人每天运走垃圾，条件是每户每月交10元钱，你愿意吗?	1=是》10题；2=否
8	如果村里雇人每天运走垃圾，条件是每户每月交5元钱，你愿意吗?	1=是》10题；2=否
9	如果村里雇人每天运走垃圾，你愿意每月交多少钱?	____元
10	厨余垃圾处理方式（剩饭、菜叶杆、肉类残余等）	1=扔掉；2=堆肥；3=沼气 4=饲料；5=其他，请注明
11	可回收垃圾处理方式（纸、瓶子、金属等）	1=扔掉；2=出售；3=燃烧；4=其他，请注明
12	不可回收垃圾处理方式（包装袋、玻璃等）	1=扔掉；2=掩埋；3=燃烧；4=其他，请注明

附录二：村干部调查问卷表

1	本村是否雇人收集垃圾	1=是；　　2=否》9题
2	垃圾收集方式	1=挨家挨户收》4题；2=在指定的垃圾堆放点收；3=其他，请说明》4题
3	共设有几个垃圾堆放点?	个

续表

4	雇人收垃圾一年总共花多少钱？	元/年
5	钱从哪儿来？	1=村民集资；2=村里；3=乡镇或街道办及以上政府；4=其他，请说明
6	垃圾是否运送到垃圾处理厂处理？	1=是；2=否》9题
7	垃圾处理厂离村委会多远？	千米
8	谁负责出钱运送垃圾？	1=村民集资；2=村里；3=乡镇或街道办及以上政府；4=其他，请说明
9	垃圾最终是如何处理的？	1=裸露或扔在坑或沟里；2=掩埋；3=焚烧；4=扔到水里；5=其他，请说明

索 引

致 谢

历经几个月的写作和多次修改，在本书即将付梓之际，我的内心充满了喜悦。但我明白，这不是结束，而是一个新阶段的开始。在此，我要感谢我的授业恩师王凤教授，从一无所知的“学术小白”到高校青年教师，离不开王老师的十年辛苦培育、浇灌。同时，要感谢我的导师白永秀教授，白老师严谨的治学态度、对学术的不懈追求及积极进取的精神，值得我永远学习。

感谢西安财经大学及公共管理学院对我出版工作的支持。

感谢我的家人，是你们给了我平静的生活，让我得以完成此书。

本书完成过程中，感谢西北大学王凤教授和北京航空航天大学刘莹老师为本书完成提供了数据支持。本书获西安财经大学学术著作出版资助，也是陕西省社科基金项目（2018S43）的研究成果。学术之路漫漫，我将继续环境管理的研究，为中国环保事业尽绵薄之力。